ワイン醸造士のパリ駐在記

小阪田嘉昭
Yoshiaki Osakada

出窓社

ぶどう畑と土壌

フランス・ワインの銘醸地ブルゴーニュ地方のコート・ドール（黄金の丘）

シャトーヌフ・デュ・パプ（南ローヌ地方）の石ころのぶどう畑

ワイン用ぶどうの主な品種

ソーヴィニヨン・ブラン
ボルドー地方などで高級白ワインに使用される品種

シャルドネ
ブルゴーニュ地方などで高級白ワインに使用される品種

カベルネ・ソーヴィニヨン
ボルドー地方などで高級赤ワイン用に使用される品種

ピノ・ノワール
ブルゴーニュ地方などの高級赤ワインに使用される品種

ぶどうの収穫

家族総出で行うぶどうの収穫（ブルゴーニュ地方コート・ドール）

ワインの醸造

赤ワインの醸造・発酵（もろみ循環）

白ワインの醸造・圧搾

ワインの熟成と利き酒

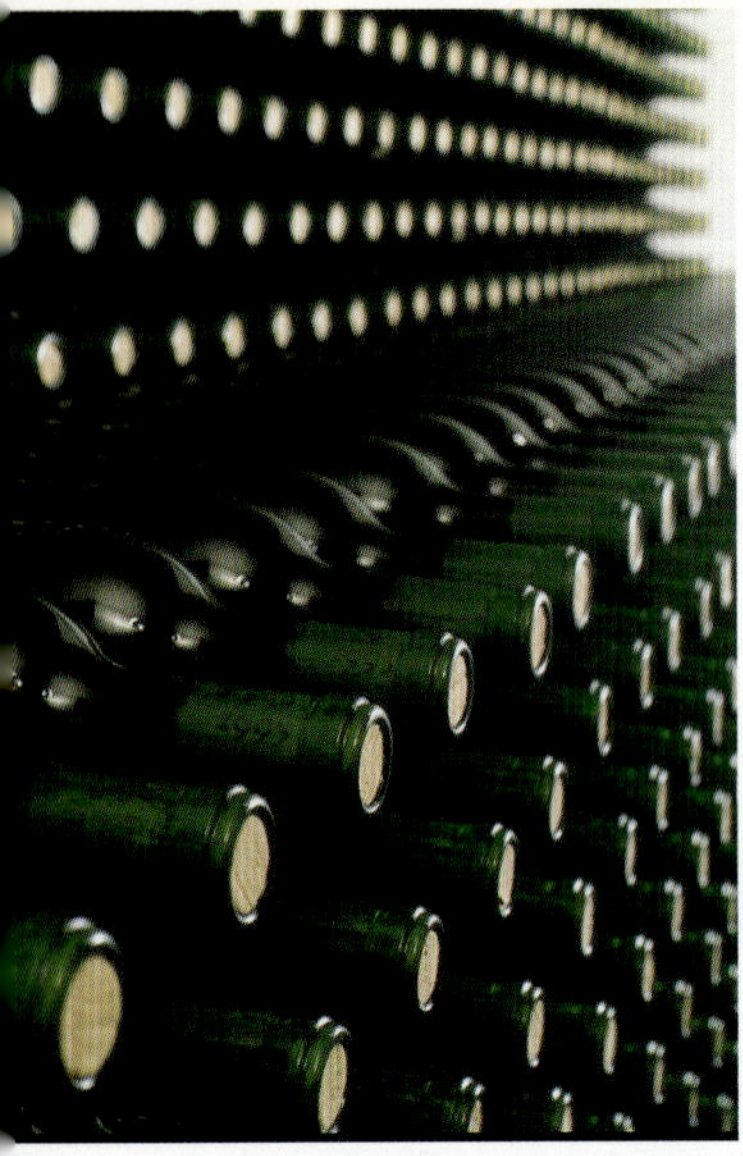

瓶貯蔵

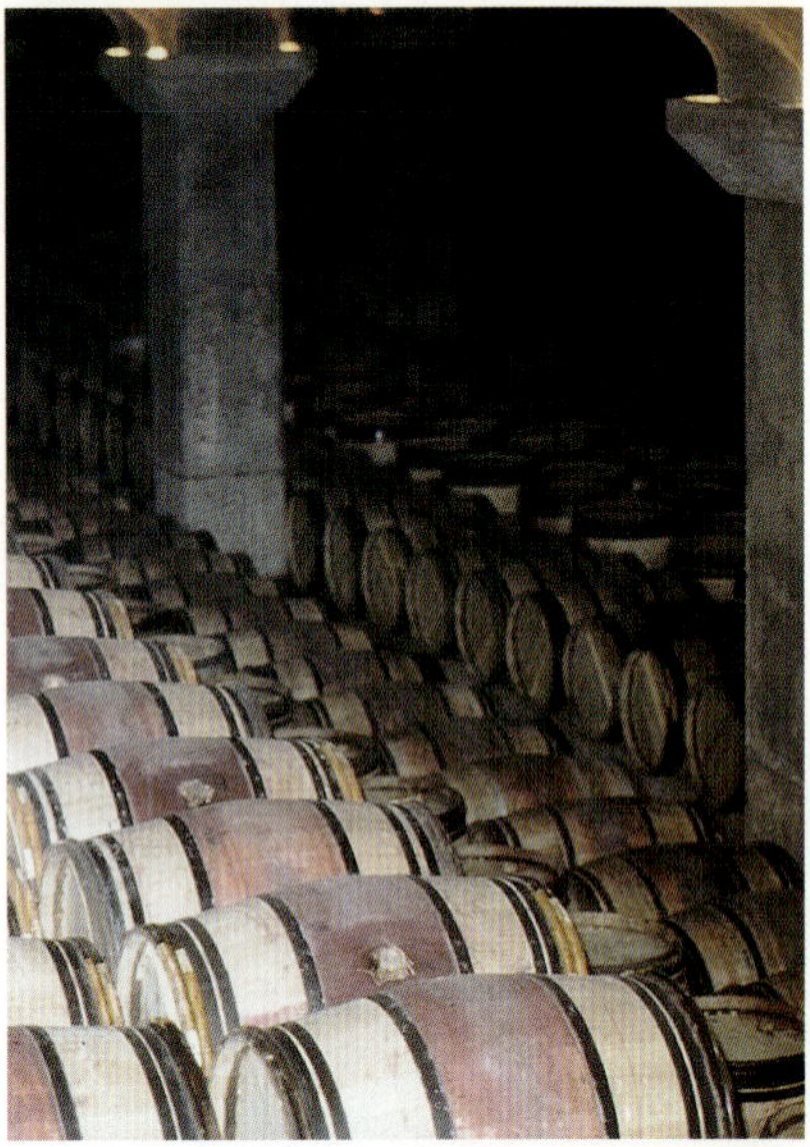

樽貯蔵

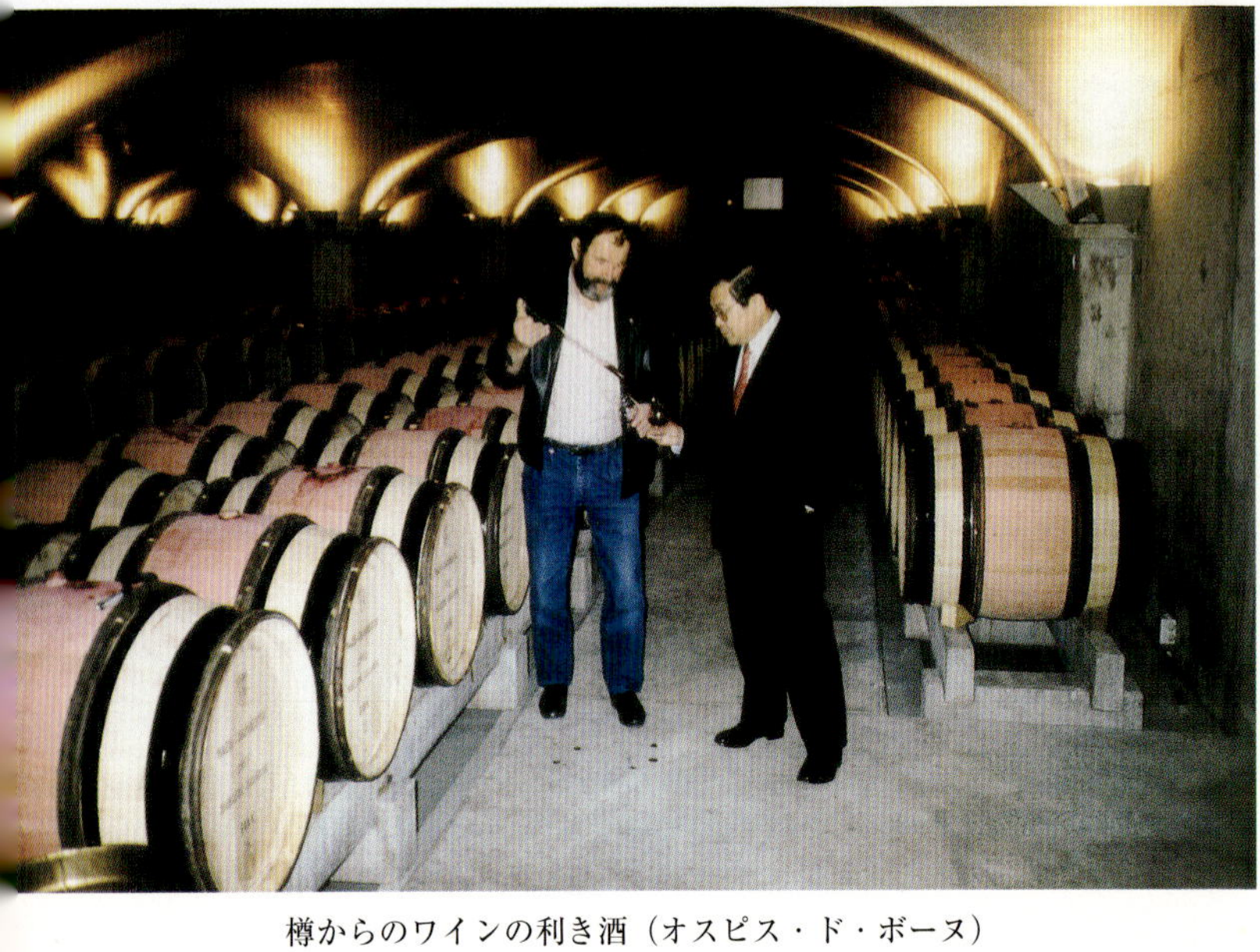

樽からのワインの利き酒（オスピス・ド・ボーヌ）

はじめに

一九九五年に第八回世界ソムリエ・コンクールが東京で開催された。このコンクールで田崎真也《たさきしんや》氏が優勝してソムリエ世界一に輝いたことは記憶に新しい。これまでの大会では、ワイン伝統国のフランス代表がいつも優勝していたが、フランス以外の国で、しかもワイン新興国の日本人が初めて世界一のソムリエになるという快挙を成し遂げたのである。

思えば日本でワイン造りが始まって百二十余年。明治初期の殖産興業《しょくさんこうぎょう》政策で目指した本格ワイン造りが挫折し、ポート・ワインと呼ばれていた甘味果実酒の原料ワインの製造に転換したワイン造りが細々と戦後まで続いていた。そして戦後の復興とともに食の洋風化がはじまり、昭和三十年代には甘味果実酒の全盛時代を迎える。その間、ワインの主流であった甘味果実酒の原料を造るかたわら、国産の本格ワインの醸造と普及を目指すという、長く苦しい時代を経て、テーブル・ワインと呼ばれる本格ワインが少しずつ広がりはじめたのが、一九六四年の東京オリンピックの頃である。

以来、日本でのワイン消費は何回かのワイン・ブームをとおして、急激に伸びた後、足踏みをしながら階段を少しずつ上るように伸びてきている。第一回のワイン・ブームは昭和四十五年（一九七〇年）の大阪万国博覧会を契機として、その後の高度経済成長期の頃である。しかし、この頃の一人当たりワイン年間消費量は〇・〇五リットル以下で、現在の五十分の一以下であった。その後、千円ワイン・ブーム、一升瓶《いっしょうびん》ワイン・ブーム、ボージョレ・ヌヴォー・ブームなどの何回かのワイン・ブームを経験しながら、今日の第五次と言われるワイン消費拡大期を迎えるに至っている。

日本人がソムリエ世界一になったことは、バブル経済が崩壊してワイン業界でもワイン消費が低迷を続けるなかにあって、久々の明るいニュースとなった。マスコミにも大きく取り上げられ、世界一ソムリエ、田崎真也をとおして、ソムリエの職業がテレビ、雑誌で紹介されて脚光をあび、ワインも広く取り上げられていった。その後の第五次ワイン・ブームは、低価格の日常ワインの普及と赤ワインのポリフェノール効果による健康指向の影響が大きいが、世界一のソムリエの誕生も日本のワインの普及に少なからぬ貢献をしたことも事実である。

私は高度経済成長期の第一次ワイン・ブーム後の一九七七年から翌年までフランス政府給費技術留学生として、さらに、バブル経済期の第四次ワイン・ブームの頃の一九八五年から一九九〇年にかけてワイン会社のパリ駐在員として、フランスで二度の生活を体験する機会に恵まれた。

この二度のフランス生活を通じて、ワインがフランス人の食生活のなかにどのように溶け込んでいるかを、ワインの醸造・輸入といったビジネス・サイドからではあるが、つぶさに見ることができた。また、それぞれのフランス生活の間が約十年離れていたこともあって、この間にフランスでのワインの消費が著しく変化したことも身をもって体験できた。

本書は、ワインの歴史が浅い日本のワイン醸造技術者が、ワインの伝統のあるフランスのパリ駐在員として暮らした、ビジネスがらみの体験記である。したがって、私が勤めている三楽《さんらく》（現メルシャン）の企業戦略や輸入ワインの選択のポイントにも多少触れた。また、初代の駐在員でなければ体験できない事務所開設やシャトー（醸造場）の買収話を紹介しながら、そこから浮かび上がるフランス人気質にも言及するようにした。フランスでの生活やワインの仕事を通じて醸造技術者の目に映ったことのなかで、これまでわが国に知られてない話や、従来の常識とは異なることはできるだけ紹介するよう努めた。ワインの基礎知識については、本文とは別に各章末にカコミ記事としてまとめた。

明治以来、営々として続いてきた先人の努力が実って、今、ようやくワインが日本の食卓に根づきつつある。このような時代に、ワインの醸造に携わる技術者の一人として二度にわたってフランスに滞在し、ワインの先進国でワインとワイン文化の精髄に触れ、広い視野からワインの多様な相貌《そうぼう》を知ることができたことは、単にビジネスのうえだけでなく、個人的にも貴重な体験であった。はからずもこの体験をこのような形で上梓できることは、私にとって望外の喜びである。出版に際しては、本の構成の段階から内容に至るまで、竹見久富氏、出窓社の矢熊晃氏に適切な助言とご指導をいただいた。ここに厚く御礼申し上げる。

小阪田嘉昭

平成十三年春

フランスワインの生産地

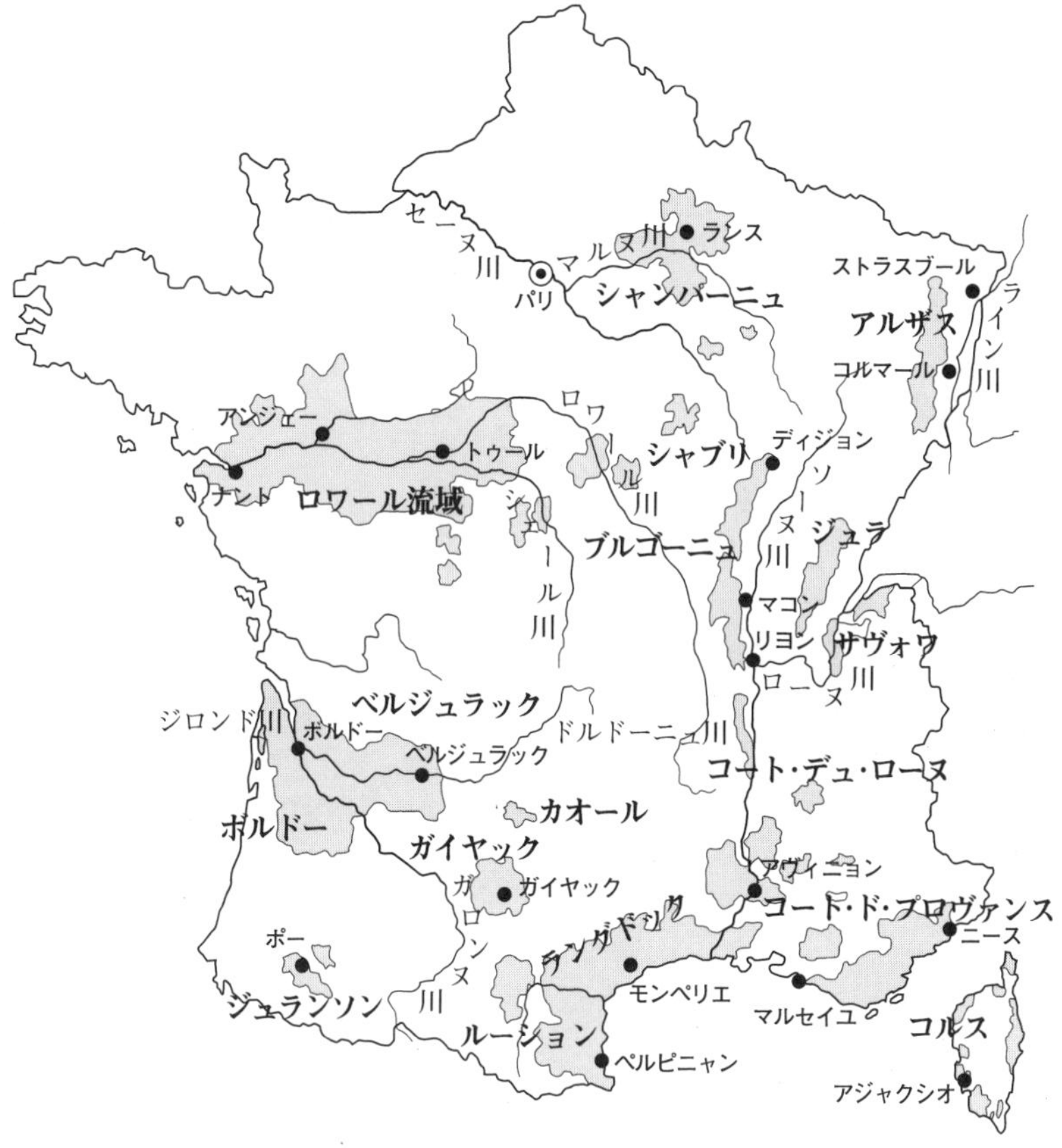

＊ボルドー地方とブルゴーニュ地方コート・ドールのワイン生産地は、それぞれ本文に拡大図があります。
(ボルドー地方＝P. 49、ブルゴーニュ地方コート・ドール＝P. 152、153)

目次

ワイン醸造士のパリ駐在記

1

パリ事務所奮闘記

1 ＊事務所開設とフランス人気質

●——初のパリ駐在員に指名される

日本でのワイン消費は、大阪万博を契機とした第一次ワインブームの後、何回かのブームを経て伸びてきている。現在はワインの価格も安くなったため家庭で気軽にワインを飲むようになり、急激に市場が広がりワイン消費が日常化している。しかも、輸入ワインの占める割合が六〇パーセント近くになっている。

ところが、一九八〇年代前半までは、国産ワイン・メーカーは自社製造の国産ワインの販売に力を注いで、輸入ワインの販売には出遅れていた。しかも輸入ワインの販売といっても、ほとんどが商社が仲介する輸入ワインを取り扱っていた。国産ぶどうから造るワインは、生食ぶどう主体の日本のぶどう栽培では、数量確保、品質、価格の点でワイン消費の伸びに対応できなくなっていた。多くの国産ワイン・メーカーは輸入バルク・ワイン（原料ワイン）とのブレンドで数量を確保していた。

このような情況下で三楽株式会社（現メルシャン株式会社）は、今後の日本のワイン市場ではますます輸入ワインの消費が増加するだろうと判断し、輸入ワインの販売にも力を注ぐ決定がなされた。さらにワイン・メーカーとしての専門家の目でみた供給先の選択や輸入ワインの導入を本格的に行う方針がたてられた。

そのため、一九八五年、三楽はパリに駐在員事務所を置くことになった。当時、パリに置かれた製造メーカーの事務所はほとんどが自社の輸出製品を扱う会社で、酒類メーカー、ましてワイン・メーカーがパリに事務所を開設することは珍しく、わが社より先にはサントリーの駐在員事務所があるだけであった。

事務所開設には本来、総務畑の者が派遣されるのだろうが、語学力の問題と、事務所の主な仕事が三楽の輸入するワインの品質管理にあったので、初代のパリ駐在員として、私が指名されて派遣されることになった。

私はかつて一九七七年から七八年にかけて、ブルゴーニュ地方ボーヌにある醸造試験所と、この地方の中心地、ディジョン市にあるディジョン大学の醸造学科に在籍し、ワイン技術の研修と教育を受けたことがあった。そして帰国後は、メルシャン勝沼ワイナリーでワインの醸造責任者として仕事をしていた。技術畑でフランス留学の経験が、初の駐在員に指名されるポイントになったようである。

●――事務所開設には商業手帳が必要だった

通常、外国で仕事をする場合には、どこの国でも労働ビザが必要である。三か月未満の滞在は観光などが主な目的のため、外国人にビザを要求していないが、三か月以上の滞在の場合にはフランスでも長期滞在ビザが必要となる。

長期滞在ビザには学生ビザと労働ビザの二種類があり、学生ビザは比較的取りやすいが、労働ビザにはどこの国でも厳しい制約がある。パリ派遣の話があって間もなく、私は、労働ビザを申請するために、東京の在日フランス大使館領事部に相談に行った。係員の話によると、フランスで労働ビザを得るには、初めての駐在員であるため、たとえ一人であっても、事務所代表としての営業許可証である「商業手帳」が必要であり、しかもこれを取得するまでには最低六か月はかかるとのことだった。そして、指定された質問書への回答、戸籍謄本《こせきとうほん》、履歴書《りれきしょ》、無犯罪証明書、無破産証明書、事務所賃貸契約書などをフランス語で作成するか、あるいはフランス語訳を付けて提出しなければならないという。

これらの書類のうち、無犯罪証明書の作成には度胆《どぎも》を抜かれた。わが国では履歴書に賞罰《しょうばつ》を記入する項はあるが、役所でそれを証明してもらうことはない。しかし、今回の場合はそうはいかない。大使館の指示にしたがって、私が住民登録をしている山梨県警察本部へ出向くと、まるで犯罪者なみに両手十本の指紋を採取された。過去に法を犯したことがないことを証明してもらうためである。

次は事務所の賃貸契約書であるが、なにしろ初代の駐在員であるため、まだ事務所は存在しない。だから、そのような契約書はあろうはずがない。そこで、代わりに渡仏後に事務所を開設し、フランス国籍の秘書を雇う誓約書を提出することにした。

実はこの事務所の賃貸契約書と無破産証明書の提出については、厄介《やっかい》な後日談がある。というのは、駐在員は私一人なので仕事はアパートで充分できる。しかし、賃貸契約書を入手するためにわざわざ、新たに別の場所に事務所を探さなければならなかったのである。また、無破産証明書についても以前に留学生としてフランスに滞在していたため、日本でのものに加えてフランスでの無破産証明書も提出しなければならないことが、フランスに入国してから分かった。

さて、八五年四月に再び、フランス大使館に出向き、営業許可証である商業手帳の申請をした。労働ビザを取得するには最低六か月はかかるだろうとのことで、早くても十月頃になるであろうと思っていたところ、五月にビザが発給になるとの連絡が同大使館よりあった。私の場合、労働ビザの発給には事務所代表者としての商業手帳の取得が条件であったが、その取得を待たずにわずかひと月で労働ビザが発行されたので、フランス大使館領事部の担当者も不思議がり、三楽がフランス本国で画策したのではないかと疑った向きもあった。しかし、三楽は当時、初めて駐在員を派遣するので、フランスの弁護士も法律事務所も知らない。後のフランス入国後の手続きを含め、すべては私一人が行ったのである。

ともかく、商業手帳は事務所開設に必要であるが、今回は私一人が住宅兼用のアパートで仕事をするつもりだったので、商業手帳がなくとも長期滞在ビザが下りれば、フランスに滞在することができる。そう考えた私は、とりあえず渡仏することとした。

家族のビザも同時に下りたので、妻と小学五年の長女、幼稚園の次女を連れて、五月二十一日の夜に成田空港を発ってフランスへ向かった。パリのシャルル・ドゴール空港到着は翌日の二十二日の早朝であった。日本とヨーロッパの時差は七時間であるが、当時はアンカレッジ経由であったため、十八時間の長旅であった。

パスポートに添付してあるビザには、フランス入国後八日以内に所轄の警察署に出頭する旨が記載されていた。そのため、まず逗留《とうりゅう》したオペラ座近くのアスコット・ホテルで宿泊証明を作ってもらい、二十四日に警察署へ出頭した。日本のフランス大使館でもらった滞在ビザをもとに、フランスの滞在許可証を取得しなければ、フランスでは仕事ができない。ここでの用件は、後日、パリ警視庁で滞在許可証の交付を申請するために、申請書類をチェックしてもらい、パリ警視庁へ出頭する日を予約することであった。また、警察署では、次の出頭日までに、アパートの賃貸契約書、健康診断書、事務所長の雇用証明書を準備するよう指示があった。私は事務所は新規に開設する予定で、しかも従業員は私一人しかいないので、雇用証明書はないと説明した。しかし、いくら説明しても、係の女性はこちらの事情にはお構いなく、あくまで事務所長の証明が必要だといって聞き入れてくれない。仕方なく、私は自分で雇用証明書を作ってサインをすることとした。また、健康診断書は警察署の指定医に妻の分といっしょに作成してもらった。後日パリ警視庁へ出頭して分かったのであるが、雇用証明書というのは移民局の書式があり、商業手帳を所有している事務所長の署名が必要なので、私の場合、結局どうしても商業手帳を取得しなければならなかった。

●——アパート探しに四苦八苦

フランス生活の最初の問題は、アパート探しである。その前にホテルの予約を延長するか、ステュディオと呼ばれる短期滞在用の部屋を探す必要があった。最初に逗留したアスコット・ホテルは三つ星のこじんまりとしたホテルであったが、五月末までの十日間しか予約していなかった。このホテルに宿泊の延長を申し込んだが、六月からは満室で予約の延長ができないという。というのは、この年はあいにく二年か三年に一度催されるパリ航空ショーの年にあたっていて、どのホテルも、短期のステュディオも、みな満室であったからである。そういえば、アスコット・ホテルも改装中で、運良く部屋が空いていたが、パリ到着当日はまだペンキが乾いてなくて、一晩は近くの別のホテルに泊まらされた。

いずれにしても、アパートを探すまでの仮住いを確保しなければならない。そこで四方八方手を尽くして取引先にも探してもらったが、郊外のベルサイユにはありそうだとか、以前、留学中に滞在したパリから三百キロも離れているボーヌの知人が泊めてやると言ってくれるが、どちらも遠過ぎる。妻と娘二人が毎日のんきにパリ見物を楽しんでいるなか、私は当座に滞在するホテルを足を棒にして十軒ぐらい探しまわった。そして、やっと二つ星の安宿を見つけることができた。運良く、平行して探していた短期アパートもパリ西方、十六区のパッシーに見つかった。短期のつもりでいたが、大家は長期でもよいと言ってくれる。日本人学校のあるトロカデロ広場に近く、家具付でもあったので、長期契約をすることにした。

これで、住む場所が確保でき、滞在許可証を申請するためのアパート賃貸契約書も用意できた。パリに到着して十五日目のことである。

●――無破産証明のてんまつ

さて、今度は滞在許可証の申請である。予約をした六月二十四日に必要書類を持ってシテ島にあるパリ警視庁へ出頭した。多くの外国人でごったがえすなか、長い間待たされたあげく、その日の受付は時間切れでできなかった。しかたなく翌日早朝に再度出向き、受付を済ませ、指示された二階の事務所へ行くと、そこにはカルト・ド・コメルサン（商業手帳）を申請する窓口があり、そこでまた長時間待たされた。若い美人の担当官は新米のようで、隣の年配のマダムに相談しながら、比較的親切に提出した書類を点検してくれた。しばらく中座して席に戻った担当官から「あなたの商業手帳の申請書類は日本から送られてきています。追加の書類として、事務所の賃貸契約書とフランスでの無破産証明書が必要なので提出して下さい」と要求された。私が「事務所の賃貸契約は、当分は自宅のアパートで仕事をするので、アパートの賃貸契約書でよいでしょうか」と尋ねると、当の女性は「事務所は別の場所を探し、その事務所の賃貸契約書が必要です」と言う。

　無破産証明は、かつて、または今まで生活していた国で破産したことがない証明を要求するもので、日本人の場合は、日本での無破産証明が必要である。私が禁治産者でないことを証明する書類は、すでにフランス大使館をとおしてパリ警視庁には送付されていた。ただ私の場合、以前にフランスに住んでいたことがあるため、フランスでの無破産証明も必要なので、前回の滞在地のボーヌ商業裁判所からその証明書を取るように指示された。私は前回の滞在はフランス政府給費の技術留学生であり、またディジョン大学ワイン醸造学科の学生であったので、商業裁判所にはビジネスの登録はしていないと説明したが、「学生でも闇で仕事をしている場合もありますからね」と相手は頑《がん》として聞き入れてくれない。こうしたやりとりを通してそれまで美人で親切なマドモアゼルだと思っていた担当官が、にわかに、できないことを要求するわからずやのフランス女性に思えてきた。

　それはともかく、私の滞在許可証をもらうには東京のフランス大使館で言われたように、商業手帳の取得が条件である。さらにその商業手帳を入手するには、先にも述べたように、事務所の賃貸契約書とボーヌ商業裁判所の無破産証明書の二種類の追加書類が必要なのである。結局、担当官から入国後三か月間の仮の滞在許可証を渡され、八月末までにこれらの書類を準備して、再出頭するよう言われた。

　アパートで仕事をすればいいと思っていた当初の計画はもろくもくずれ、急遽《きゅうきょ》、事務所を借りなければならなくなった。事務所は共同事務所の一部屋でもいいと思い、「フィガロ」紙の新聞広告で探し始めた。

当時パリには約二万人の日本人が在住しており、それらの日本人向けにフランスでの生活情報の案内を流したり親《しん》睦会《ぼくかい》などを催しているパリ日本人会があった。また、この会には在仏日本人の法律問題をフランス人弁護士が担当する法律相談があったので、商業手帳を取得するための申請書類について相談をしたところ、事務所の賃貸契約には「ドミシリヤシオン」という貸し住所システムを利用するとよいと教えてくれた。相談にのってくれたその弁護士によると、ドミシリヤシオンというのは日本にはないシステムの貸し住所事務所で、部屋はなく郵便受けと共同の電話、テレックスを備え、秘書が一人いるだけのものである。フランスでは、事務所を持たず個人で事業をしている人の法的な商業登記上の住所として、また、地方の会社のパリ連絡場所としてもこのような事務所が使われているとのことだった。

そこでさっそく、電話帳でドミシリヤシオンとやらを探して、そのうちの何軒かを下見した。そんななかには、実際に個別の事務所の部屋のあるものもあった。また、ヴィクトル・ユゴー大通りのビルに行くと、事務所の案内になんとサントリーの名前

初期の三楽パリ事務所（ドミシリヤシオン）

があった。これにはびっくりした。広いパリのなかで偶然にも同じワイン業界のパリ事務所を見つけるとは……。競合会社と同じ場所ではまずかろうと、違う場所を探すことにし、電話帳を頼りにあちこち歩きまわった末、八区のジャン・グージョン通りにようやく手頃な貸し住所事務所を見つけることができた。シャンゼリゼ大通りのそばで便利がよく、使用料も月四九三フラン（約一万二千円）と安いので契約した。

これで、なんとか事務所の賃貸契約書が整った。しかし、無破産証明書については、日本人会の弁護士にも妙案は浮かばず、私は打ちひしがれた気持ちでボーヌ商業裁判所へ赴《おもむ》いた。担当の女性は私がパリ警視庁から無破産証明書を要求されていることを聞いて、登録名簿を検索してくれたが、私の名前は見つかるはずがない。

落胆していると、「ムッシュ・オサカダ」と呼びかける人がいる。振り返ると、判事の制服を着たベルナール・ビショー氏が立っていた。ビショー氏はボーヌのネゴシアンの社長で、前回の滞在時からの知人であり、三楽のワイン取引先でもある。ネゴシアンとはワインを桶《おけ》買いして自社の商標ワインに瓶詰《びんづ》めして販売する業者のことで、ブルゴーニュ・ワインの生産、販売に大きな力をもっている。ビショー氏は日本流にいうと大手ワイン会社の社長で、民間人でありながら、商業裁判所の判事もしている。この日はたまたま判事の仕事でここに来ていたのである。事情を話すと、商業裁判所には私の名前が登録されてないことを証明する書類を作るように、担当の女性に指示してくれた。後日、この書類とドミシリヤシオンの契約書をパリ警視庁に提出すると、問題なく受理された。例の担当者とのやりとりがうそのような結末であった。これであとは商業手帳が発給されるのを待つだけである。

先に仮の滞在許可証が発給されたことを述べたが、八月末に、この期限が来たので、私も妻もさらに三か月の仮の滞在許可証を更新し、商業手帳発給の連絡を待つこととした。十月の下旬、パリ商工会議所から商業手帳取得の件で質問と審査があるので出頭するよう呼び出しがあった。そこで、パリ商工会議所の理事でフランスの大手総合酒類会社、ペルノー社の名誉会長でもあるカンブルナック氏に三楽の駐在員事務所の設立の目的などを説明した。それから二か月ほどたった十二月下旬にようやく、待ちに待った私の商業手帳が発給になり、滞在許可証が妻の分も同時に発給になった。期限は一年と聞いていたので翌年の十二月まであると思っていたら、さかのぼってフランス入国日から一年で翌年の五月までしかなかった。つまり、半年もたたない内にまた煩《わずら》わしい手続きのためにパリ警視庁に出頭しなければならない。

これで、やっと合法的にフランス滞在が認められた。もっともアパートが見つかった六月上旬からは、商業手帳なしで、ワインの情報収集、提携先との連絡などの駐在員活動は自宅ですでに開始していたのだが……。

●──役所でも十人十色の対応

私の商業手帳が発給になり、駐在員事務所の代表の資格ができた。しかし、フランスで駐在員活動をするための手続きが完了したわけではない。代表者の私が会社の事務所をフランスの役所に登記しなければならない。この商業登記をするためには、税務署へ事務所の設立と所在地を申請する必要があった。最初の頃は、事務所の公式の住所はドミシリヤシオンの所在地である八区のジャン・グージョン通りであったが、実際の仕事は十六区のポール・ソーニエ通りの自宅で行っていた。日本人会の弁護士は、マラコフ大通りの税務査察官の役所に行き、税務申告の場所を相談するようにと教えてくれた。フランスの税務署は申請部門と徴税部門が分かれていて別々の住所になっている。さらにあちこちの申請部門の担当者によって私の事務所が申請すべき役所の場所が違っているのだ。十六区のラネラグ通り、ジョルジュ・サンド通り、八区のピエール・シャロン通りへと振り回された。いったいどこが本当だろう。最終的に八区のドクター・ランスロー通りの税務署にたどりつき、これでやっと申請できると思ったら、今度は弁護士の勘違いで、駐在員事務所設立の用紙が会社設立の用紙と間違っていたため、再申請しなければならなかった。やれやれである。

このように官庁の指示どおりに手続きをしていったが、担当官によって言うことが違い、何度も役所へ出頭しなければならなかった。このことを後日、フランスの友人に話したら、冗談《じょうだん》半分に「フランス人が十人居れば十人の異なった意見があるのだ」と笑っていた。このように、フランス人は、官庁の係官と言えども、十人十色《じゅうにんといろ》の対応があり、さらに、同じ窓口でもしばしば担当者が変わるから、何につけても、書いた物の記録が必要で、その書類を証拠に手続きをする必要があるということが身にしみて分かった。ボーヌ商業裁判所の例のように、要求されている書類とは異なる別の書類であっても、それが有効になることもあるのだと実感した。

日本人が社会生活で他人と同じ行動をすることを美徳としているのに対し、フランス人の個人主義はファッションにおいても、自分の主張を通し、同じブランドを誰もが身に付けることはしない。パリの有名バッグ店に日本からの旅行者が列を作って、皆、同じブランドものを買う光景を見ると、画一的な十人一色《じゅうにんひといろ》の気質がよく現れており、同胞の習性が滑稽《こっけい》にも思えるが、それにしても、フランス官庁の手続きが画一的でないのには閉口させられた。

●――時にはフランス側に立って

日本人駐在員の間では「フランスは好きだが、フランス人は嫌いだ」とよく言われる。しかし、私の場合は仕事がフランス人が誇りにするワインが中心であったため、ワイン業界のフランス人と楽しく付き合いができた。ワイン産地を訪問し、三楽が輸入しているワインの品質管理、新しい産地の発掘、業務提携などの仕事をとおして、ワイン関係者と交流し、自己主張の強いフランス人とも別の付き合いができたのは幸いであった。これは、両者のあいだにワイン造りという共通のテーマがあったからであろう。彼らのワイン造りの哲学を理解し、ワインの品質を正しく評価することにより、ボルドーの大シャトーの元貴族からも、ブルゴーニュの小さなドメーヌ（醸造場）の農家の親父《おやじ》からも、同じワイン仲間と認めてもらえた。

ワインの取引が始まると、日本側の三楽はいったん決定した取引価格の継続を希望するのに対して、フランス側のワイン生産会社は年ごとの価格変更を主張してくる。ワインは農産物製品であるため、その年々で天候による収穫量の豊凶があり、また市場の需給によって価格が変動する。そこで私は、フランス側の主張がワイン取引の国際ルールにも合っていると考え、価格変更を認めるように本社を説得したりもした。駐在員は日本の会社のパリ代表であり、立場は日本側であるが、三楽とフランスの会社の交渉事で、彼らの主張が正しい場合、時にはフランス側の立場になって、東京の本社を説得したことも一再ならずあった。また、フランス人に対してはこちらの主張を明確にするよう心がけた。このことで、私個人のみならず、会社である三楽も大きな信頼を得ることができたものと受け止めている。

2 ＊元祖シュール・リー製法ワインの取引開始

●――シュール・リーなのに樽の香りがする

駐在員事務所の仕事は、既存のワイン提携会社との業務連絡や品質管理、新しいワイン産地や製造会社の調査、発掘、フランスでのワインの生産、消費をはじめとする情報収集、新しい醸造技術の紹介などに加え、日本からの訪問者のアテンドであった。

パリで仕事を開始してから、半年が経ったある日、「ムスカデ」＊ワインの最大の生産者であるシェロー・カレ社から六種類のワインのサンプルが送られてきた。私はさっそく、これらをパリの自宅兼事務所で利《き》き酒した。その中の一つに「Sur lie（シュール・リー）」とラベルに表示してあるのに、樽の香りが微《かす》かにするものがあった。シュルー・リーとは白ワインの醗酵が終わった後、数か月間、オリ（澱）の上にワインを貯蔵するワイン醸造法である。それゆえにフランス語で「オリの上」という意味のシュール・リー（Sur lie)と呼ばれている。この時まで、私は、シュール・リー法の醸造はクリーンでフレッシュな香味を発現させるため、ステンレス・タンクで行うものだとばかり考えていた。だから樽の香りがするのが何とも不思議な気がし

＊ ムスカデ(Muscadet)
ロワール地方、AOCワイン産地名。ロワール川の河口付近のナント市の南に広がる辛口白ワインの産地。ムスカデは別名ムロン・ド・ブルゴーニュのぶどう品種の名前でもある。

たのである。

この醸造法は、元国税庁醸造試験所長で三楽の大塚謙一常務（当時）が、ロワール川下流の古都ナント市の周辺で生産される辛口白ワインのムスカデ・ワインに使われているとの情報を入手し、それをもとに、一九八三年、日本で初めて三楽（メルシャン）が甲州種のワインに応用した技術でもあった。私はメルシャン勝沼ワイナリーの醸造責任者をしていたので、シュール・リーの醸造法は自ら体験し、よく知っていた。

●——オリがワインを養う

白ワインの醸造は、ぶどうを潰《つぶ》して、果汁を出しやすくしてから圧搾《あっさく》する。この圧搾して得られた果汁を醱酵させると白ワインができる。一般の白ワインの醸造法では、醱酵が終わったワインはぶどうの植物繊維質や増殖した酵母がオリとなって沈みしだい、上澄みのワインをできるだけ早く別の容器に移し変える。この作業をオリ引きと呼ぶ。オリと長く接触させると、オリ臭と呼ばれる悪い臭いが付き、ワインが劣化するので、早くオリ引きするのがワイン造りの鉄則とされていた。「シュール・リー」の技術は、それとは逆の発想でオリと長く接触させる醸造法である。

ロワール川の河口近くのナントを中心にしたムスカデ地方で生産されるワインを「ムスカデ」ワインと呼ぶ。この地方では、古くからオリ引き前のワインを「オリの上のワイン（シュール・リー）」と呼び、オリ引きが終わったワインと区別していた。

「オリの上のワイン」という言葉が単にオリ引き前の若いワインを意味するのではなく、この地方の醸造家が「オリの上のワイン」が美味しいことを知り、特別なものと認めていたからこの呼称があったのであろう。

ぶどう果汁は健全な醗酵が進むと、フルーティーなエステル香が発現し、繊細優美な芳香と新鮮爽快《そうかい》な味覚を特徴とするフレッシュなワインになる。このワインをオリ引きせずに、翌春の瓶詰めまでの数か月間、同じ容器に置いておくと、空気との過度の接触が避けられ、さらにワインに微量に溶け込んでいる炭酸ガスの効果で酸化が抑制される。このため、シュール・リー法のワインは新酒の特徴を持ったフレッシュな爽《さわ》やかな味わいになる。また数か月間、酵母が主体のオリと接触することで酵母が自己消化をして、ワインにアミノ酸が溶け込み、厚みと旨《うま》みを付与するのである。

問題のオリ臭を防ぐためには、病気の発生していない健全なぶどうを使い、搾《しぼ》りたての果汁を一晩静置して、その上澄みのきれいな果汁に旺盛な酵母を加えて、健全に醗酵させることが必要である。

●———樽の中にシュール・リーがあった

私が試飲したシェロー・カレ社の「ムスカデ・シュール・リー」*は、樽の香りがするので納得いかなかった。そこで、私は利《き》き酒のコメントに「シュール・リーなのに古樽の臭いがある」と書いて送った。しばらくして、社長のベルナール・シェロー氏

＊ ムスカデ・シュール・リー(Muscadet Sur Lie)
シュール・リー製法で造ったムスカデ・ワイン。ムスカデ地区はシュール・リー製法を伝統的に行っており、普通のムスカデよりムスカデ・シュール・リーのワインのほうが上級とされている。

から、「シェロー・カレ社の醸造場をナントまで見に来て欲しい」との連絡が入った。シェロー氏にしてみれば、「生意気な日本人だ。どんな奴か会ってみよう」と思ったに違いない。

　古都ナントから南へ車で十五分ぐらいのサン・フィアクル村にシェロー・カレ社の本拠、*「シャトー・ド・シャスロワール」があった。このシャトー（醸造場）は中世、この地方を支配していたルルー伯爵《はくしゃく》の居城だった所で、今は十五世紀のゴジック風の塔のみが残っている。敷地内にはきれいに花壇が整備され、シェロー氏の自宅と醸造場があった。

　醸造場を案内してもらい、貯蔵庫に入ると、見学者に樽の中がよく見えるように樽の円形の部分をガラス張りにした見本の樽が一本あった。なんとその樽の中では、ワインをオリの上で貯蔵しているではないか。ここではシュール・リーを樽の中で造っていたのである。私がパリで利き酒したシェロー・カレ社の「シャトー・ド・シャスロワール」のムスカデ・シュール・リーに樽の香

樽で熟成中のムスカデ・シュール・リー（見本用にガラスで封印された樽の中にはワインが満ち、底に沈澱しているオリが見えるようになっている。）

りがしても不思議ではないことが、ここを訪問してはじめて分った。シュール・リーの製法は、なにもステンレスのタンクだけを使用するのではなかったのである。まさに目から鱗《うろこ》が落ちる思いであった。

●――元祖シュール・リー・ワインの取引開始

シェロー・カレ社の所有する他の五つのシャトー（醸造場）にも案内してもらった。この会社は当時、日本ではまだ知られていなかったが、ムスカデ・ワイン最大の醸造者であり、フランスでは評価の高い会社であった。フランスではぶどう栽培地域の名前がそのままワインの名前になっている。ムスカデはぶどう生産地の名前であり、それが同時にワインの名前になっている。フランス西部のロワール川の河口のナントの南に広がるムスカデ地域のなかで、さらに良いぶどうが収穫されるセーヴル川とメーヌ川の周囲の地域を限定して、ひとつ格上の「ムスカデ・ド・セーヴル・エ・メーヌ」*と呼ばれるワインがある。シェロー・カレ社が所有する六つのシャトーのぶどう畑はすべてムスカデ・ド・セーヴル・エ・メーヌの地区のものであり、そのなかの一つに、「シャトー・ド・コアン・サンフィアクル」*がある。ここは、ムスカデ・ド・セーヴル・エ・メーヌの名称の起こりとなったセーヴル川とメーヌ川の合流地点にあり、一面のぶどう畑に囲まれた美しい館を擁した醸造場であった。

良いワインができるぶどうの樹齢は古いほうが良いとされているが、それでもぶど

＊シャトー・ド・シャスロワール（Château de Chasseloir）
ムスカデ・ド・セーブル・エ・メーヌの醸造場の名前。シェロー・カレ社の所有で高品質の評価の高いムスカデ・ワインを生産している。特に樹令百年のぶどうから醸造されるワインが有名。

＊ムスカデ・ド・セーヴル・エ・メーヌ（Muscadet de Sèvres et Maine）
ロワール川の下流にあるワイン産地。ムスカデ地区の中でもセーヴル川とメーヌ川の周辺にある一格上のワイン産地（AOC）である。

＊シャトー・ド・コアン・サンフィアクル（Château de Coing-Saint-Fiacre）
ムスカデ・ド・セーヴル・エ・メーヌの醸造場の名前。シェロー・カレ社の所有でセーヴル川とメーヌ川の合流地点にあり、高品質のムスカデ・ワインを生産している。

うは五、六十年で植え替えられる。しかし、「シャトー・ド・シャスロワール」のぶどう畑には、非常に珍しい樹齢百年のぶどう樹があり、この畑のぶどうからプレステージの高いムスカデ・シュール・リーが造られている。

ワインの造り手同士として、社主のシェロー父子と議論していくうちに、お互いにワイン造りの考え方で共感するところが出てきた。三楽が輸入ワインの提携先を選ぶ基準は、醸造、瓶詰設備が優れていることや、生産能力の高いことなどが基本条件である。しかし、それにも増して重要視するのは、その産地の有力なワインの造り手であり、かつ品質の評価の高い会社ということである。シェロー・カレ社は、まさにこの条件に当てはまる会社だった。後日、シェロー・カレ社に取引を申込んだところ、三楽がその製品の日本での独占販売権を得ることができた。日本で最初にシュール・リー製法を導入した三楽が、この方法の元祖であるムスカデの有力生産者、シェロー・カレ社と提携することができたのは、ワイン生産者としての共通の哲学があったからである。

●――ムスカデ・ワインの人気の秘密

ムスカデ・ワインは二十世紀初めまでは、フランス西部のナントや、大西洋に面したサン・ナゼールですべてが消費される地元のワインであった。鉄道がパリから大西洋沿岸の海水浴地ラ・ボールまで開通し、パリの人々も容易にそこに行けるようになると、ムスカデはラ・ボール近辺の海水浴地でバカンス用のワインとして人気が高まった。一九三〇年代に入ると、バカンス客は、この地で覚えたムスカデの味をしだいにパリに広めていった。昔は生ガキに白ワインのシャブリを組み合わせるのがポピュラーだったが、シャブリの価格が高くなり、気楽に飲めるワインでなくなると、生ガキやフリュ・ド・メール（海の幸）にはムスカデ・ワインという組み合わせがしだいに定着し、今ではパリのレストランでこのムスカデがワイン・リストの最初を飾るまでになった。

この地方では、前述のようにオリ引きする一般的なワインとオリの上に長く貯蔵するワイン「シュール・リー」が以前からあった。そのうち後者のワインはオリがワインを養うと言われており、最初はワイン醸造者のためだけに地元で消費された特別なワインであった。やがてムスカデがパリのレストランで広まっていくにつれて、地元の自家用に飲まれていたワイン「シュール・リー」もパリに広がっていった。それは一九七〇年代の終わり頃からと思われる。

フランスのワインは、法律によって四つに分類されている。下から順に「ヴァン・ド・ターブル（日常消費食卓ワイン）」「ヴァン・ド・ペイ（地酒）」「VDQS（産地限定上質ワイン）」「AOC（原産地呼称統制）ワイン」になっている。AOCワインは原産地呼称統制（AOC）法によって管理されていて、産地表示のある上級ワインである。この産地表示はボルドーやブルゴーニュといった広い地域表示からぶどう畑名の

●フランス・ワインの法的分類

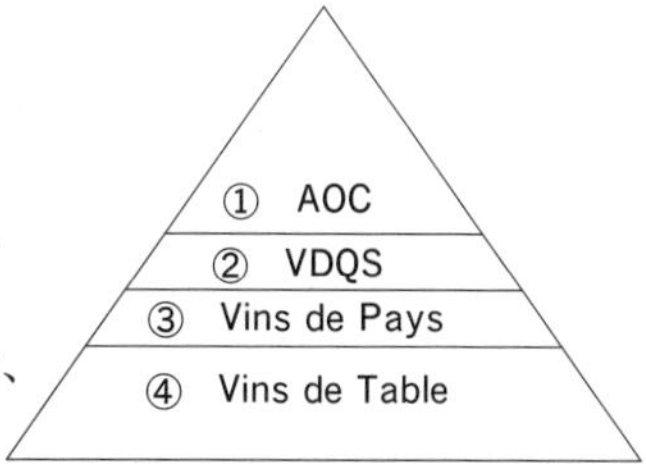

フランスのワインは法律によって大きく4つに分類され、格付けの高い順にA.O.C.、V.D.Q.S.、ヴァン・ド・ペイ、ヴァン・ド・ターブルとなる。ヴァンは、ワイン（酒）の意味。

①［A.O.C.］ Appéllation d'Origine Contrôlée（アペラシオン・ドリジン・コントローレ＝原産地呼称統制ワイン）

原産地呼称統制（A.O.C.）法で認定されたワインで、ぶどうの栽培地域の限定、ぶどう品種の指定、ぶどうの最低糖度の規定、ヘクタール当たりの生産量の制限、栽培・醸造方法などの細かい規定をI.N.A.O.（原産地呼称研究所）が管理し、利き酒検査に合格したワイン。原産地の名称は約400ほどあり、地方、地区、村、畑と区画が小さくなるにつれて品質の高いワインになっている。

ラベルには"Appéllation Contrôlée" または"Appéllation d'Origine Contrôlée" の表示がある。

②［V.D.Q.S.］ Vins Délimités de Qualité Supériéure（ヴァン・デリミテ・ド・カリテ・スーペリュール＝産地限定上質ワイン）

品種、最低糖度、生産量の制限などの規制がA.O.C.よりややゆるいが、このワインもI.N.A.O.が管理している。

ロワール川流域や南フランスに約50の指定産地がある。ラベルには切手に似たV.D.Q.S.保証マークが印刷されている。

③Vins de Pays（ヴァン・ド・ペイ＝地ワイン）

指定された品種を使い、限定された地域のぶどうのみを使用した地ワイン。EUのワイン分類では広くテーブル・ワインのカテゴリーに入り、管理はテーブル・ワインと同様にO.N.I.V.I.N.（全国テーブル・ワイン同業連合会）が管理する。ヴァン・ド・ペイのペイとは国、地方という意味で、他の産地のワインとのブレンドは禁止されている。ラベルはVins de Pays＋産地名の表示になる。

④Vins de Table（ヴァン・ド・ターブル＝日常消費食卓ワイン）

産地名が指定されていない、複数の地域のワインをブレンドした日常に飲まれるテーブル（食卓）ワイン。フランス国内産ワインのブレンドの場合は"Vins de Table Français" "Vins de Table de France"などの表示をする。

狭い地域表示のものまである。この地域名や畑名をワインのＡＯＣ（原産地呼称統制）名と呼び、これがワイン名になっている。フランスにはこのＡＯＣ名は約四百もある。さらに地域が狭くなるにしたがって、上級ワインになり、特にブルゴーニュではグラン・クリュ（特級畑）として畑名がＡＯＣ名になっている。

ムスカデ地方には「ムスカデＡＯＣ」「ムスカデ・ド・セーヴル・エ・メーヌＡＯＣ」などのワインがあり、今では、これらのＡＯＣの四〇％以上がシュール・リー法で醸造されている。シュール・リーの規則がフランスのＡＯＣ（原産地呼称統制）法に規定されたのは一九七七年で、七九年と八二年に修正され、現在に至っている。それによると、シュール・リーと表示するためには、醸造した後、オリといっしょにひと冬経過させ、瓶詰めまで同じ樽またはタンクに貯蔵し、瓶詰めは六月三十日までにすることと、こまかく決められている。

シュール・リーのワインは、緑がかった淡い黄色で、フレッシュな香りがする、味わいは酸味と旨《うま》みのある生き生きとした爽《さわ》やかな辛口白ワインである。料理との調和は魚貝類、とりわけ生ガキ、海の幸とはすばらしい取り合わせである。

●――ブルゴーニュではバトナージュと言う

ブルゴーニュ地方において、小樽で醗酵させた後に行われる伝統的な作業「バトナージュ」も、実は、シュール・リーの状態で白ワインを熟成させているのである。

すなわち、ブルゴーニュの白ワインの伝統的な醸造法は小樽で醗酵させ、醗酵が終わってもオリ引きをせずに樽の中でオリと接触したままにして、マロラクティック醗酵と呼ばれる乳酸菌の作用でリンゴ酸が乳酸に変わる乳酸醗酵を起こさせやすくしている。熟成中にオリの効果を強く引き出すために、樽の中に棒をつっこんでオリをかき混ぜている。この棒（バトン）でオリをかき混ぜることからバトナージュと呼んでいる。シュール・リーは一つの効果として、酵母の自己消化によってアミノ酸がワインに溶け出し、ワインに旨《うま》みと複雑性を与えている。しかし、新鮮爽快《そうかい》な味から熟成した酒質に変化するので、ブルゴーニュ地方ではバトナージュとは言っても、シュール・リーとは言わないのである。

●――シャンパーニュは瓶の中でシュール・リー

酵母のオリによって効果的にワインに厚みと旨みを付与しているのが、シャンパーニュ（日本ではシャンパンと呼ばれている）である。これはアサンブラージュ（調合）したワインに糖分と酵母を加えて、瓶に詰め、密栓をしてカーヴ（地下蔵）で瓶内二次醱酵を行わせる方法で造られる。二次醱酵が起こると、糖分がアルコールに変わり、炭酸ガスが瓶内に閉じ込められる。増殖した酵母は二次醱酵が終了すると、オリとなって瓶の中に沈澱する。シャンパーニュの場合、約三年間オリといっしょに、すなわちシュール・リーの状態で熟成させた後、瓶内のオリを取り除く作業、デゴルジュマン（オリ抜き）をする。このオリはほとんどすべて酵母であり、ムスカデなどの普通のシュール・リーより長い三年の間に効果的に自己消化が起こり、酵母菌体から多くのアミノ酸がシャンパーニュに溶け出し、厚みと旨みを与えることになる。このように、シャンパーニュでは、シュール・リーによる熟成が瓶内で起こっていたのである。

シュール・リーによるオリの利用はステンレス・タンクの中だけでなく、伝統的に樽の中でも、瓶の中でも行われているのである。

3 ＊アルザス・ワインの提携先は同級生の家

●――美しいアルザスのぶどう畑

ライン川をはさんでドイツと国境を接するフランス北東部のアルザス地方を私が最初に訪れたのは、私のフランス政府給費技術留学生時代で、ちょうどパリで語学を研修中のことであった。ぶどう畑の中に点在するアルザスの村々が遠目にも美しく、村に入ると、古い木造の建物すべての窓に鉢植えの花を飾って、村中明るい雰囲気を醸《かも》し出していた。アルザス地方の中心都市ストラスブールのカテドラル（大聖堂）やヴォージュ山脈の中腹にあるオー・クニクスブール城やこの地方特有の古い木造建築の残るコルマールの旧市街などを見学したが、なかでも強く印象に残ったのはぶどう畑の斜面の谷間にある城壁に囲まれた中世の村、リクヴィルであった。城壁の中に入ると、石造りと木造の家並を村全体に残してあり、中世の時代にタイムスリップしているような気分であった。そのときの印象があまりにもよかったので、パリで語学研修を終えた三か月後、ブルゴーニュ醸造試験所で技術研修をうけていた頃に、初めての家族旅行に選んだのもアルザス地方であった。

あれから十年、今回のパリ事務所開設も落ち着いたので、家族旅行を企画した。五月は一日がメーデー、八日が第二次大戦戦勝記念日の祝日で、これに土、日が重なって連休になることが多い。その連休に家族をつれて二度目のアルザス旅行に出かけることにした。パリから東へ四五〇キロの道のりを車でやって来た。フランスで生活していると、高速道路が発達しているので、遠い地方でも車を使うことが多い。そのほうが現地での移動が

ぶどう畑に囲まれたアルザスのリクヴィル村

便利だからである。前回と同じように、ストラスブールではカテドラル、プティト・フランスとよばれる川沿いの木造建築の美しい古い町並みを見学した。

あらかじめホテルを予約して来なかったので、早めに市内のホテルを探すこととした。しかし、何軒もまわったが、どのホテルも満室で断られ、途方に暮れた。ホテルのフロント係が言うには、毎年、五月の連休にはドイツの観光客が南仏に行く途中にアルザスに立ち寄るので、ストラスブール市内のすべてのホテルがいっぱいになるという。逆にライン川を渡ってドイツ側へ行けば、ホテルは空いていると教えてくれた。しかし、フランスの滞在許可証は所持していたが、パスポートは持ってきていなかったので、ドイツには入れない。しかたなく、ストラスブールより五〇キロほど南にあるコルマール方面へ向かい、途中で泊まる所を探すことにした。

国道八三号線を南下して行くうちに、「チンマー=シャンブル」と書いてある案内所を見つけた。アルザス地方はドイツ人の観光客が多く、ドイツでよく発達している民宿と同じものが多い。「チンマー=シャンブル（Zimmer-Chambre）」とはドイツ語とフランス語で部屋という意味で民宿のことである。この案内所はレストランも兼ねており、民宿には夕食が付いていないので、ここで夕食をとっていってくれと言う。とにかく部屋が見つかっただけでも有難い。ひと安心ということで家族四人、案内所のレストランで食事をすませて、地図に示された農家の民宿にたどり着いたときは、夜も九時になっていた。

翌日はオー・クニクスブール城を見学し、続いてワイン街道と呼ばれるぶどう畑の中の道を車で走り、屋根にコウノトリの巣が見られるリボーヴィル村、ぶどう畑の真珠とよばれる美しいリクヴィル村、シュヴァイツァー博士の生家のあるカイゼルスベルグ村などの古いワイン村を訪ねたあと、早めにコルマールに着いてホテルも確保した。コルマールから南のエギスハイム、ウスレン・レ・シャトーなどの村も含めて、アルザスのワインの村々が、ヴォージュ山脈の斜面のぶどう畑の中に点在している一大パノラマが壮大である。ワイン村に入ると、古い木造の家々がしっくりと落ち着いており、すべての窓に真紅のジェラニュームの鉢植えの花などが飾ってある。村全体が花に包まれている感じであった。

私はこれまでフランスの多くのワイン産地を訪問したが、なかでもアルザス地方はフランスで最も景色の美しいワイン産地だと思っている。季節のよい五月の連休や夏のバカンスには、ホテルが満室になるのもうなずける。

私との小旅行はいつもワイン産地に立ち寄るため、ワインに興味のない娘たちには不評を買っていたが、今回の家族旅行は初日はホテル探しに苦労したものの、妻と娘二人はワイン村の散策や民芸店での買い物を満喫し、アルザス旅行は格別に喜んでくれた。

●――アルザス・ワインの提携先は留学時代の同級生の家

アルザス・ワインはドイツワインと同じぶどう品種の「リースリング」「シルヴァーネル」などを使い、瓶も緑色の細長いドイツのモーゼル地方と同じ形のものである。しかし、同じ品種のぶどうを使っても、ドイツでは甘口ワインにするのに対し、アルザスではフランス風に辛口に仕上げている。アルザス・ワインはパリのカッフェやブラッスリーではよくサーヴィスされる白が主体のワインであり、フランスではAOC白ワインのなかで最も多く飲まれている。私が留学生時代、パリのカッフェで最初に飲んだワインはアルザスのぶどう品種、「シルヴァーネル」の白ワインであった。アルザス・ワインは「リースリング」「シルヴァーネル」「ピノ・ブラン」などのぶどう品種名がラベルに表記してあるので、他のフランスワインの産地表示とは違ってワインの味を選択するのに役立つ。

このアルザス地方は日本人にも名前はよく知られている。フランスの北東に位置し、ヴォージュ山脈の東の平地はライン川を挟んでドイツと国境を接している。このため、過去百年の間にしばしば戦争の舞台となり、ドイツ領になった時代が何回もあった。アルフォンス・ドーデの小説『最後の授業』には、明日からドイツ領になる小学校のフランス語による最後の授業の描写があり、アルザスの人々がフランス人としての誇りを強く持っていることがよく表現されている。ストラスブールには欧州議会があり、地理的にもEUの中心に位置する。勤勉な住民が多い地方であるため、現地の労働力に魅力を感じたソニー、リコーなど日本からの大手企業の進出も多い。また、ヨーロッパで生活する日本の海外子女の学校として東京の成城学園のアルザス校が開校され、日本との関係が深まっている。

このようにアルザス地方は日本人によく知られているが、この地方のワインは、日本では長い間、ボトルの形状からドイツワインと混同されることが多かった。ところが、日本のテレビでアルザスを舞台にした連続ドラマが放映されたりして、一九八〇年代の後半からアルザス・ワインも日本の消費者にドイツワインの甘口とは違う辛口ワインとして、認知され始めた。そのようなワイン人気を背景に、三楽もアルザス・ワインの提携先を探すこととなった。三楽が新しい提携先を決めるためには、ワインの品質も当然のことながら、必ず現地に行って、ぶどう畑やワインの醸造設備を見ることになっている。さらに複数の会社を客観的に調査して、フランスでの評価、伝統、プレステージ（名声）も判断材料としなければならない。

ちょうどその頃、一九八六年春に、アルザス地方のD社から三楽へワインの売り込みがあり、品質が良いと判断するので調査するようにと、東京の本社から命じられた。私は早速、候補をD社を含めて五社に絞りこんでワイン会社をリストアップすることにし、そのなかにディジョン大学のワイン醸造学科で同級生であったジャック・ヴェベール君の会社も入れた。この会社は私がディジョン大学に在学中にアルザスへ研修旅行したときに見学したクンツ・バー社で、品質も優れており、伝統のあるワインを醸造していたので、当時から注目していたのだ。

リストアップを終えた私は、各社に訪問アポをとって、調査を開始した。このなかには規模の大きいカーヴ・コーペラティヴと呼ばれる、ぶどう栽培者の協同醸造場もあった。この大醸造場をはじめ、大きなネゴシアン（ワイン桶買い瓶詰業者）、自家ぶどう園を所有している有名なドメーヌ（醸造元）などを訪問し、ぶどう畑、醸造設備を見学し、ワインの利き酒をして評価していった。

D社はドメーヌというより、規模の小さい農家であるヴィティキュルチュール（ぶどう栽培者兼醸造者）の部類にはいる。当主は新進気鋭の技術者で良いワインを造っていたが、三楽の提携先としては、伝統、プレステージに欠けると思われた。

一方、クンツ・バー社は自家ぶどう園を所有する、アルザスの中では中堅のドメーヌで、一七九五年に創立された伝統のあるワイン生産者である。私の同級生のジャック・ヴェベール君がぶどう栽培とワイン醸造を担当し、親同士が従兄弟《いとこ》のクリスチャン・バー君が営業を担当して、共同で経営をしている。この醸造場のワインの品質はトップクラスであり、アルザス・ワイン優良八社に選ばれて、特にフランスでは三つ星レストランに納入され、イギリスでも高い評価を得ていた。所在地はコルマールの南西、エギスハイムというアルザスの古い村の裏手の丘陵にあるウスレン・レ・シャトー村である。同社が所有するぶどう畑はその村の丘陵の斜面にあり、水はけがよく、東南に面した畑で日当たりも良いので、特級畑に認定されている。この村はワイン批評の大御所ヒュー・ジョンソン著『ザ・ワールド・アトラス・オブ・ワイン』にも掲載されている有名なワイン村で、背後には中世にこの地方を支配した領主の館「エギスハイム城」の廃墟が残っている。

こうして、あれこれ検討して、ようやく三楽の提携先を決定した。生産規模がやや小さいが、調査した他の会社と客観的に比較して、ワインの品質、プレステージなどの点ですぐれていた私の同級生の会社「クンツ・バー社」を選択して、アルザス・ワインの取引先としたのである。

それから約十年後の一九九五年にクンツ・バー社の創立二百周年祭が行われ、私も招待を受けて参加した。この創立記念祭には、ヨーロッパの主要輸出先およびジャーナリストが参加し、パネル・ディスカッション、セミナー、稀少ワインの利き酒、三つ星レストランのオーベルジュ・ディルでの午餐《ごさん》会など、盛り沢山の行事が行われた。

日本の会社の創立記念は通常五十周年、七十五周年の式典が多く、百周年でも、非常に歴史のある会社とされる。一方、第一次大戦、第二次大戦の困難な時期も乗り越えて、二百年もの長い年月にわたり、絶えることなく続いてきたクンツ・バー社のワイン造りは、日本にはない歴史と伝統の厚みを感じさせる。もっとも、同じ家族が家業として代々ワイン造りを守っていく姿は、日本の造り酒屋にも似ている。また、伝統あるワイン生産者は地元の名士でもあるが、その点は日本でもひと時代前までは同様であった。クンツ・バー社の先代の経営者、ヴェベール氏は何十年もこの村の村長をしており、もう一人の共同経営者、バー氏はアルザス・ワインの普及団体「コンフレリー・サンテティエヌ・ダルザス」の会長もした名士である。

●――アルザス・ワイン、品種表示は分かりやすいが、特級畑名は難解

アルザスのワイン生産地域は北のストラスブール市からはじまり、コルマール市を中心に南のタンヌ市までの約百十キロメートルの間である。アルザス地方の西にはヴォージュ山脈があり、その東斜面に広がっているぶどう畑は、このヴォージュ山脈によって大西洋からの湿気を遮《さえぎ》られている。このため、この地方は北フランスの中では雨量が少なく、日照時間が長く、良質のぶどうが生産されている。アルザス地方は南のオー・ラン県と北のバー・ラン県に分かれるが、土質的にもほぼ同じように分かれる。オー（高い）とバー（低い）の表示が南がオー（高い）、北がバー（低い）と一般の地図上の感覚と逆になっているが、フランスでの県名表示は川の上流がオーで、下流がバーと決められているため、ライン川の上流に沿った地域がオー・ラン（上流ライン）県、下流に沿った地域がバー・ラン（下流ライン）県と呼ばれているのだ。オー・ラン県側に良質ワインを生産するリボーヴィル、リクヴィル、カイゼルスベルグ、エギスハイム、ウスレン・レ・シャトーなどの村がある。

*アルザス・ワインは、ぶどうの品種表示がしてあり、分かりやすい。品種表示が認められているのは「シルヴァーネル」「ピノ・ブラン」「トケイ・ピノ・グリ」「ミュ

スカ」「リースリング」「ゲヴェルツトラミネール」の白ワイン用の六品種と、赤ワイン用の「ピノ・ノワール」一品種である。

従来のアルザスＡＯＣワインは、地域名のアルザスにこれらの七品種が表示してあり、見分けるのも簡単であった。ところが、一九八〇年代に入り、地形、土壌の優れた畑にはグラン・クリュ（特級畑）の格付けが始まった。特級畑で栽培が許可されている品種は先の七品種のうち、「ピノ・グリ」「ミュスカ」「リースリング」「ゲヴェルツトラミネール」の四品種のみである。しかし、特級畑の名前がこの地方独特の読み方で難解であり、ワイン専門家でも名前は記憶しにくいものである。クンツ・バー家が所有している特級畑は「アイシュベルグ（樫の木の山）」、「フェルシグベルグ（桃の木の山）」といったドイツ語風の地名なので、ほとんど覚えられない。ブルゴーニュの特級畑は畑によってワインの味が微妙に異なる。アルザスの特級畑のワインはもちろん普通のアルザスより味は上級であるが、畑ごとのワインの味の差を畑名で覚えなくても、普通のアルザスＡＯＣか、アルザス・グラン・クリュ（特級畑）ＡＯＣかを見分ければワインの知識としては充分である。

というのも、ワインに興味をもつようになると、他人が知らないワイン知識を知っていることに優越感を持つ傾向があるからだ。このような人をワイン・スノッブと呼んでいる。ワインの知識は奥が広く、ワイン名だけをとってみても世界には星の数ほどもある。ワインの知識を全部知っている人などいるはずはなく、知らない知識が

＊アルザス(Alsace)
シルヴァーネル(Silvaner)、ピノ・ブラン(Pinot blanc)、トケイ・ピノ・グリ(Tokay-Pinot gris)、ミュスカ(Muscat)、リースリング(Riesling)、ゲヴェルツトラミネール(Gewurztraminer)、ピノ・ノワール(Pinot noir)のぶどう品種名がアルザスAOCのラベルに表示が許可されている。この品種名の頭にアルザスを付けてワイン名になっている。シルヴァーネル、ピノ・ブラン、トケイ・ピノ・グリ（またはピノ・グリ）、ミュスカ、リースリング、ゲヴェルツトラミネールが白ワイン、ピノ・ノワールが赤ワインである。

あって当たり前である。ワインを真に楽しむためには、重箱の隅を突つくような細かい知識は必要がなく、ワインを大局的に捉えることが大切である。アルザスのグラン・クリュ（特級畑）の畑名などは重箱の隅の知識だと私は考えている。

4 ＊シャトーの買収

●――ボルドーに自社シャトーを

一九八七年の夏頃、三楽ではワイン事業の国際化を進めるために、フランスにワイン醸造場を持つ計画が決定された。当時、八〇年代の後半は世界的に好況な経済のなかでシャトー売却価格が高騰し、ボルドーのシャトーを手放すオーナーが現れてきていた。そこで日系、フランス系、イギリス系の銀行から紹介されたシャトーを現地調査するため、私はたびたびボルドーへ出張した。いくつかのシャトーの候補があったが、最終的には、フランス有数の都市銀行、パリバ銀行が資本参加している、ボルドーのネゴシアン兼シャトー・オーナーである大手ワイン会社のメストレーザ社が所有するシャトー・レイソン＊に絞られた。

シャトー・レイソンは最初の段階から買収候補シャトーとして紹介された物件で、

＊ シャトー・レイソン (Château Reysson)
ボルドー地方、オー・メドック地区のヴェルトイユ村にあるクリュ・ブルジョワ級のシャトー。一九八八年から日本のワイン会社メルシャンの所有となってる。

オペラ座近くのパリバ銀行本店を三楽の鈴木社長が訪問した時、昼食に出されたワインだった。社長に同行した私は、銀行内の来客用のダイニング・ルームに置かれてあるボトルを見て、「今日はすごいワインだ。シャトー・ラフィット・ロートシルトだ」と思った。シャトー・ラフィット・ロートシルトは、ボルドー五大シャトーの一つに数えられ、ワイン関係者といえども、めったに飲む機会のないワインである。ところが、食事が始まり、サーヴィスされるワインを見ると、遠目にはシャトー・ラフィット・ロートシルトに見えたが、実はそれは「シャトー・レイソン」であった。このシャトーはグラン・クリュ・クラッセ（特級格付け銘柄）の次のクラスのクリュ・ブルジョアに格付けされているオー・メドック地区のシャトーである。日本ではほとんど知られていないシャトーで、ラベルがシャトー・ラフィット・ロートシルトに似ていたため、私も間違えてしまった。

ボルドーでは、先に述べたAOC（原産地呼称統制）法による格付けは村名までの表示であるが、AOC法とは別に一八五五年にメドック地区独自のシャトーの格付けが行われている。この格付けをグラン・クリュ・クラッセ（特級格付け銘柄）と呼んでいる。ブルゴーニュのAOC格付けのグラン・クリュ（特級畑）とまぎらわしいが、ボルドーでは「クラッセ」がついている。ボルドーのメドック地区では約六十のシャトーがグラン・クリュ・クラッセ（特級格付け銘柄）に格付けされているが、その次のクラスはクリュ・ブルジョアと呼ばれ、これは現在約三百のシャトーが格付けされ

＊ シャトー・ラフィット・ロートシルト
(Château Lafite-Rothschild)
ボルドー地方、メドックの一八五五年グラン・クリュ・クラッセ（特級格付け銘柄）の第一級に格付けされたポイヤック村にあるシャトー。最高級赤ワインで有名。

＊ オー・メドック(Haut-Médoc)
ボルドー地方、AOCワイン産地名。メドック地区のジロンド川の川上に位置する地区で、単なるメドック地区より上級ワインになる。有名なワイン産地、マルゴー村、サンジュリアン村、ポイヤック村、サンテステフ村がある。

ている。数千ものシャトーがあるボルドーでは、グラン・クリュ・クラッセのシャトーは第一級から第五級に分かれているが、すべてが高級シャトーであり、クリュ・ブルジョワ級のシャトーも上級シャトーとして扱われている。

三楽の本社では買収候補を決める際、「グラン・クリュ・クラッセのシャトーでなければ……」とか「大量生産の南仏の醸造場のほうが原料ワインの基地になる」とか、さまざまな意見が出たそうである。また、銀行から五つ、六つのシャトーが紹介され、ボルドーへ現地調査に行ったが、いずれも「帯に短し、たすきに長し」で、一年近く経っても買収候補になるシャトーは出てこなかった。シャトー・レイソンが最終候補に絞られたのは、パリバ銀行の子会社が所有しているから問題ある物件ではないであろうと本社が判断したからである。その命を受け、私は買収候補として本格的な調査を開始したのである。

メストレーザ社はネゴシアンでありながら、七つのシャトーを所有する醸造者でもあった。ソーテルヌ*地区のグラン・クリュ・クラッセ（特級格付け銘柄）第一級に格付けされている「シャトー・レイヌ・ヴィニュヨ*」や、メドック地区ポイヤック村にあるグラン・クリュ・クラッセ（特級格付け銘柄）第五級に格付けされている「シャトー・グラン・ピュイ・デュカス*」も所有しているボルドー有数のシャトー・オーナーである。パリバ銀行の話では、同社はシャトー・レイソンと同等のクリュ・ブルジョア級のシャトーを二つ持っているので、そのうちの一つシャトー・レイソンを売

＊ ソーテルヌ(Sauternes)
ボルドー地方のAOCワイン産地名。貴腐ぶどうから造る甘口白ワインで有名。

＊ シャトー・レイヌ・ヴィニュヨ(Château Rayne-Vigneau)
ボルドー地方、ソーテルヌ・バルサックの一八五五年グラン・クリュ・クラッセ（特級格付け銘柄）で第一級に格付けされたシャトー。甘口白ワインで有名。

＊ シャトー・グラン・ピュイ・デュカス(Château Grand Puy-Ducasse)
ボルドー地方、メドックの一八五五年グラン・クリュ・クラッセ（特級格付け銘柄）の第五級に格付けされたポイヤック村にあるシャトー。高級赤ワインを造る。

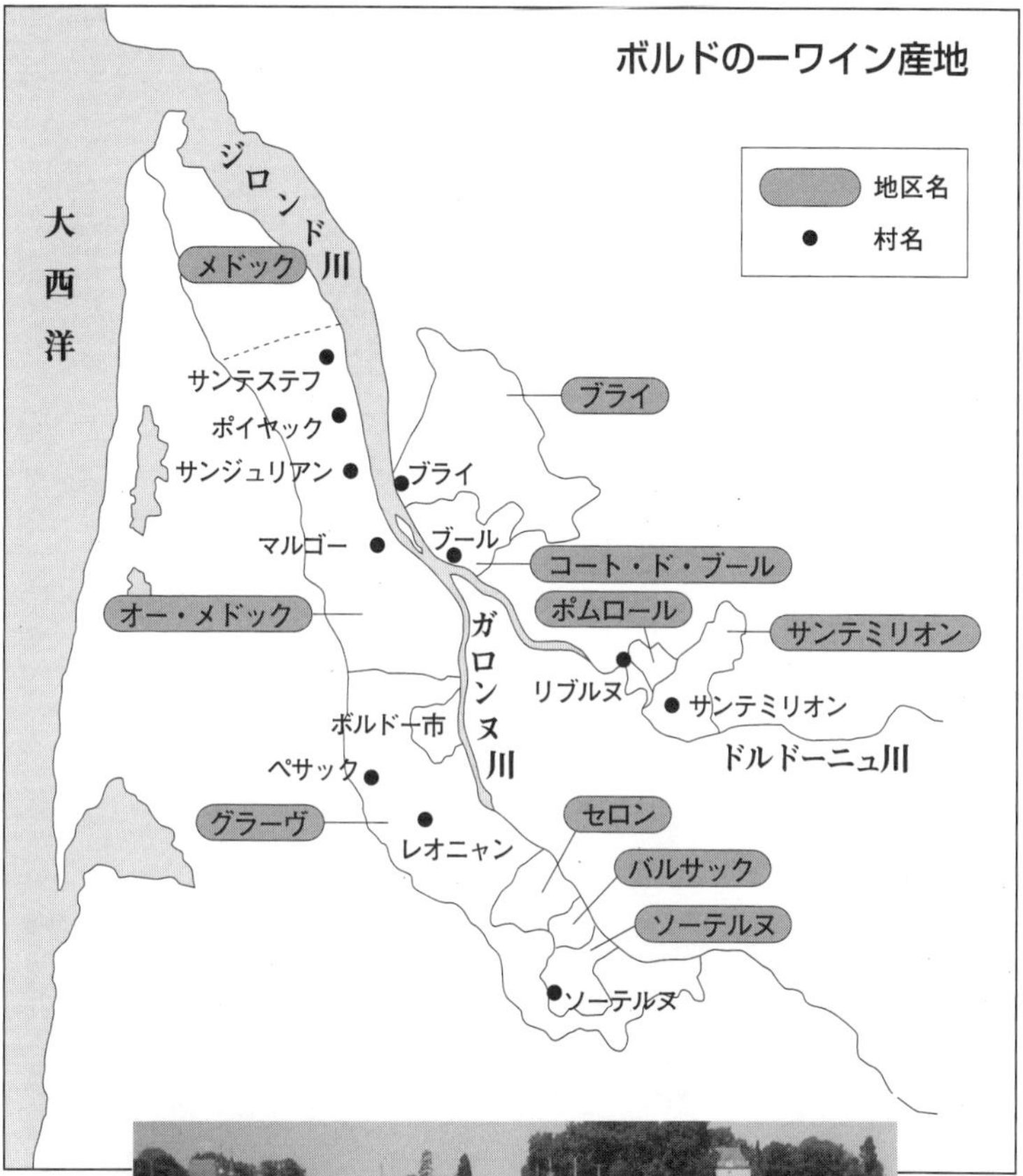

オー・メドックのぶどう畑（ポイヤック、サンジュリアン付近）

却したいということであった。

シャトー・レイソンはワイン格付け産地のAOC名はオー・メドックで、サンテステフ村から内陸へ五、六キロ入ったヴェルトイユ村にあり、この村で歴史のある広いぶどう畑を持つシャトーである。総面積八三ヘクタールのうち、六一ヘクタールがぶどう畑で、ほとんどがシャトーの周囲に地続きで広がる畑であり、立地に恵まれている。畑のぶどうの改植は済んでおり、醸造場の設備も整っているので、私は買収後の設備投資は少なくてすむだろうと判断した。シャトー本館は豪華な造りではないが、十八世紀のボルドーの伝統様式を残した二階建の石造りの屋根は薄茶色の素焼き瓦の由緒ある建物で、メストレーザ社によって、すでに外部の修理は終わっていた。

●――買収シャトーの評価

最終的な候補は決まったが、次にシャトーの買収金額を決めるために、第三者の評価をもらう必要があった。

ぶどう畑に囲まれたシャトー・レイソンの本館と醸造場

そこで、三楽の鈴木社長が個人的にも親しいBSN社の会長にこの件について相談した。その結果、この会社は製瓶会社とビール会社などの持ち株会社で、当時、大手シャンパン・メーカーのポメリー社を所有し、ワイン業界にも詳しいことが分かったので、その評価を依頼することにした。さて、同社の報告書では、低地の畑に遅霜《おそじも》の危険性があるが、ぶどう畑の管理は充分に行われており、おおむね良好であるとの評価が出た。

買収交渉では、通常、銀行などを仲介者として使う。シャトー・レイソンはパリバ銀行の仲介物件であるが、同銀行は売主の親会社でもあるので、三楽側の代理人として、ワイン業界に詳しいロートシルト銀行を選択した。そして、ロートシルト銀行と関係のあるボルドー地方、メドック地区の第一級格付けシャトーのシャトー・ラフィット・ロートシルトの専門家にも調査を依頼した。

ところが、調査の結果によると、ワイン造りの生命であるぶどう畑の状況、管理には問題ないが、買収価格はヘクタール当たりのぶどう畑の単価から計算すると、提示価格がやや高いと判断された。ボルドーのワイン醸造場であるシャトーの売買価格はぶどう畑の価値によって決まり、おおむね、ヘクタール当たりの価格で算定され、それに醸造場、シャトー本館も含めた価格になっている。これに在庫ワインの評価が加算されて、買収価格になる。シャトー・レイソンの適正な買収価格をめぐって何度かの交渉が行われ、最終的に合意に達した。

シャトー・レイソンのワインラベル

●――フランス政府の認可獲得

売手のパリバ銀行との価格交渉も合意に達したので、今度はフランス政府の認可を得るための書類を提出することにした。海外からの投資であるから、当然財務省の認可が必要であるが、フランスの伝統産業の買収には、その前に、その産業を管轄する政府機関の許可も必要である。とりわけ、典型的な伝統産業であるワイン産業の場合は、それを監督する農務省の認可が必要となる。

農務省との交渉は、パリ事務所の私が前面で対応した。当時、農務省には日本のワイン会社がフランスにシャトーを持つことに対し、次のような不満と不安があった。

一つには、日本では許認可制度、関税、酒税、流通などの点が複雑なため、フランスワインの輸出に障害があり、輸出が伸びないという不満である。もう一つは、日本のワインラベル表示が明確でなく、バルク・ワイン（原料ワイン）として輸入したフランスワインを少量混ぜたものを、フランス産として販売したり、また日本企業はフランスのワイン法を無視して、日本に都合のよいワイン造りをしてしまうのではないかという不安である。

当時、農務省はシャトーの買収を認可する見返りとして、日本向けにワイン輸出を促進したいと考えていた。しかし、以前、別の日本企業がシャトーを買収した時に約束したワインの輸出量が守られなかったこともあって、ワインの輸出が一向に伸びないという不満がずっとくすぶり続けていたのである。そこで、三楽もフランスワインを含めた、日本国内におけるワイン販売の実績を示す資料の提出を求められた。

　また、ワインラベル表示については、日本の表示規則と三楽の主要ワインラベルを提示するように言われた。ラベル表示規則は、日本ワイナリー協会でまとめた「国産果実酒の表示に関する基準」のフランス語訳をすでに所有していたので、それを提出した。旧知のフランス財務省勤務のミッシェル君に添削《てんさく》してもらったものである。日本でも、ECのワイン表示法を参考にしたワインラベル表示規則があり、フランス産バルク・ワインを一部使ってフランスワインとは表示できないし、アメリカなどで使用している国産ぶどうから造った「シャブリ」「シャンパーニュ」「バーガンディ（ブルーゴーニュ）」などの表示も、日本産ワインでは禁止されていると、私は説明した。また、私はディジョン大学のワイン醸造学科で勉強してきており、フランスの原産地呼称統制（AOC）法の他、フランスのワイン法もよく知っている。三楽はフランスのワイン法を無視してシャトーを経営することはなく、ボルドーのワイン造りの伝統を守っていく、と力説した。

●――シャトーメルシャンの表示だけは絶対譲れない

　提出した三楽のワインラベルは二つの点で問題になった。一つは、「Château Mercian」とシャトー表示がフランス語で書かれており、フランスワインと混同するとのことである。二つ目は、当社のある製品のラベル上に「Vin de qualité excellente」と表示してあり、これはフランスワインの分類の「Vin Délimité de Qualité Supérieure(VDQS)」(産地限定上質ワイン)によく似た表現で、消費者に誤解を与えると言う指摘であった。「Vin de qualité excellente」はラベルに小さく付属的に使っているため、削除しても、日本側では別に問題にはならず、本社を説得できると考えて、私は農務省の担当官にラベルからの削除を約束した。しかし、「Château Mercian」のシャトー表現は三楽の主力製品の商品名であり、また、同業他社も日本でシャトー表示を使用しており、絶対これだけは譲歩できないと考えた。私はこれまでのフランス生活で「フランス人は個性を重んじ、主張をはっきり言う」気質があることを体験してきたので、私もこちらの主張を述べることとした。

「フランスのシャトー・ワインでも、立派な館のある醸造場のみがシャトーを名乗っているのではなく、シャトーの表示は醸造場と管理するぶどう畑があれば可能であり、ボルドーでは農家のワインもシャトー表示をしてある。日本のシャトー表示もフランスの規定を参考に決めており、また、フランス語で"Château"と書いてあっても、ラベルの下に日本語で製造者名を記入しているので、消費者はフランスワインと混同することはない」と反論した。このような主張が通じたのか、農務省の担当官は私の主張を認めてくれた。その結果、日本ワインのシャトー表現は不問になり、シャトー・レイソンを日本企業である三楽へ売却してもよいとの農務省の許可が出た。交渉に同席したロートシルト銀行の海外投資部長は、私がディジョン大学出身のワイン技術者であることも功を奏したのだろうと言った。

会社が大きな海外投資をすることは、めったにあることではない。なかでも、フランスのシャトー（ワイン醸造場）の買収交渉に参加することは、駐在員にとっても、ワイン技術者にとっても、非常に稀な機会であった。私はこの買収交渉をとおして、フランス政府がシャトー買収の認可の見返りにワインの輸出促進を強制してくるといった貴重な体験もした。また、フランス政府との交渉で、日本側の主張をとおして、日本産ワインに「シャトー」表示を認めさせたことは、フランス人の気質を知って、主張すべきところは明確に主張した結果だと思われる。

●情報をマスコミにリークして国民感情を探る

その後、有識者を集めたフランス政府の外資審議会が開かれたが、どうもその間に政府は日本企業がシャトーを買収するという情報をマスコミに流して、自国の国民感情を探っていたらしい。三楽がボルドーのシャトーを買収するとの新聞記事に前後して、日本企業が「ロマネ・コンティ」*を買収するといった誇張された記事も載り、話題になった。ロマネ・コンティの件は、共同所有者への資本参加であるが、新聞紙上では、フランス人のみならず、世界のワイン愛好家の垂涎《すいぜん》の的であるロマネ・コンティが日本企業に買収されてしまうといった論調であったため、大騒ぎになった。シャトー・レイソンの買収については、クリュ・ブルジョア級のシャトーであるため

＊ ロマネ・コンティ(Romanée-Conti)
ブルゴーニュ地方、コート・ド・ニュイ地区ヴォーヌ・ロマネ村の特級畑のワイン名。最高級銘醸赤ワインであり、年間生産量が約六千本と少ないため、幻のワインと言われている。

か、一般のフランス人の反応はにぶかった。心配していたボルドー・ワイン業界の反応も、日本人がヨーロッパの多くの絵画を購入していた時期でもあったため、「日本企業による有名絵画の購入は絵そのものが日本へ行ってしまうが、シャトーを買収されてもぶどう畑は永久にボルドーに残り、日本企業が資金投下してワインの品質が向上することになり、かえって好ましい」ということであった。

●――まず新樽熟成から

一九八八年九月に待ちに待ったシャトー・レイソンの買収についてフランス政府の認可が下りた。その後の手続きを終えて、晴れて三楽の所有になった。すでに、その年のぶどうの収穫は終わっていたので、ワインの品質改良については、まず、新樽の導入から始めた。これまではメストレーザ社所有の他のシャトーで使用した古樽を再使用していたのであるが、今後は毎年、三分の一を目標に新樽を購入することにした。

次に、品質向上のため、ファースト・ワインとセカンド・ワインを明確に分けることとした。ボルドーの有名シャトーが行っているセカンド・ワインとは、ファースト・ワイン、すなわち、シャトー・ワインの品質を向上させるため、これに使用するワインの選択を厳しくして、選択にもれたワインをシャトー表示ワインにはせず、別の名前にした二番手のワインのことである。シャトー・レイソンもセカンド・ワインを造り、シャトー・レイソンの品質を向上させるとともに、二番手のワインを安く桶売りするのでなく、ボトル・ワインとして売ることで、経営を安定させることにした。

ぶどう畑は古い木の改植を進め、さらにオー・メドックという産地（AOC）が認められている畑の増植を進めて、それまでの六一ヘクタールから六七ヘクタールにする計画にした。

シャトー本館は外部の改修はすでに終わっていたので、内部を食堂、居間、四部屋の寝室に改修して、日本からの来客を含めて利用できるようにした。改修には伝統様式を残しながら、資材を調達したり、調度品も骨董品《こっとうひん》を集めたので、九〇年四月の完成予定が、少し遅れて私の離仏後の六月に完了した。私はシャトーに宿泊する機会を逃したが、その後三楽（現メルシャン）の技術者の常駐により、シャトー・レイソンの品質が向上していることは、買収に携わった者として喜ばしい。

その頃すでに、フランスのレストランではグラン・クリュ・クラッセのシャトーの品揃えだけでなく、シャトー・レイソンのようなクリュ・ブルジョア級のシャトーもワイン・リストに載って、人気が出はじめていた。クリュ・ブルジョア級の品質が向上し、「品質対価格」でみると、割安であり、お買い得であるとの評価を得ていたからである。この調子だと、いずれ日本のレストランでも会社の交際費でなく、ポケット・マネーでワインを飲む時は、リーズナブルな価格であるクリュ・ブルジョア級のシャトーに人気が出ることを確信していた。予想したとおり、一九九〇年代後半頃からグラン・クリュ・クラッセのワインが高くなり過ぎたこともあって、クリュ・ブルジョワ級のワインが広く普及し始めた。

5 ＊ワイン産地の模倣は許さない

●――ムトンヌは八番目のシャブリ特級畑

白ワインで世界的に有名なブルゴーニュのシャブリ地区には、AOC（原産地呼称統制）法で「プティ・シャブリ」「シャブリ＊」「シャブリ・プルミエ・クリュ（一級畑）」「シャブリ・グラン・クリュ（特級畑）」の四つに格付けされた産地（畑）がある。最上級のワインは「シャブリ・グラン・クリュ」で特級畑と呼ばれる。特級畑は「ブランショ」「ブーグロ」「レ・クロ」「グルヌイユ」「レ・プルーズ」「ヴァルミュール」「ヴォーデジール」の七つである。この七つの畑が後に述べる原産地呼称研究所（INAO）で認定されている。

シャブリの特級畑には、これらの他にもう一つ「ムトンヌ＊」というのがある。三楽が輸入しているこのワインについて、特級畑になった由来を調査するようにと、本社から命令があった。

INAOが発行する「原産地ワインとオー・ド・ヴィの規則」という法令集をみる

＊シャブリ(Chablis)
ブルゴーニュ地方、シャブリ地区のAOCワイン名。シャブリ地区には、プティ・シャブリ(Petit Chablis)、シャブリ(Chablis)、シャブリ・プルミエ・クリュ(Chablis Premiers crus)、シャブリ・グラン・クリュ(Chablis Grands crus)があり、シャルドネ種から造る辛口白ワインで有名。プティ・シャブリ、シャブリ、シャブリ・プルミエ・クリュ（一級畑）、シャブリ・グラン・クリュ（特級畑）になるにしたがってAOCの格付けは高くなっている。グラン・クリュ（特級畑）はブランショ(Blanchots)、ブーグロ(Bougros)、レ・クロ(Les Clos)、グルヌイユ(Grenouilles)、レ・プルーズ(Les Preuses)、ヴァルミュール(Valmur)、ヴォーデジール(Vaudésir)の七つの畑名があり、この畑名と別格にムトンヌ（Moutone）がシャブリ特級畑AOCワインになる。

と、先の七つの畑のみが記載され、「ムトンヌ」の名前はない。

「ムトンヌ」はシャブリ村の北にあるポンティニーの僧院が十二世紀に開設したドメーヌ（醸造場）で、その畑は現在の特級畑、「ヴォーデジール」と一部「レ・プルーズ」にまたがっている。長い伝統のあるこの銘醸ワインは、十八世紀にロン・デパッキ家の所有になってからも、伝統を守りながらワイン造りを続けてきた。その後、一九三五年にフランスのAOC（原産地呼称統制法ができ、ぶどう畑の土壌、標高、方位などを示した地籍図をもとに七つの畑名にシャブリのグラン・クリュ（特級畑）が認定されてからも、特級畑の心臓部と呼ばれる最も良い「ヴォーデジール」と「レ・プルーズ」を合わせた二・三五ヘクタールの畑から、ドメーヌ・ラ・ムトンヌのワインを造ってきている。

「ムトンヌ」の特級畑表示について、パリのシャンゼリゼ大通りにあるINAOの本部へ調査に行った。コンタクトを取ったアゴストニ氏は以前ワインの国際会議で

ブルゴーニュ地方シャブリ地区の特級畑ムトンヌのぶどう畑

会ったことのある人で、こちらの質問に親切に応対してくれた。シャブリを管轄するＩＮＡＯのディジョン支部に問い合わせてくれて、十日ほどしてから「シャブリのムトンヌの特級畑表示はＡＯＣ規則に認められている」との公式見解と資料が送られてきた。その資料をみると、一九五一年十月十一日付のＩＮＡＯの会長からシャブリ生産者組合の会長宛書面に「ムトンヌ」を特別にグラン・クリュ（特級畑）に決定した旨が記されている。それ以後、「ムトンヌ」は別格の八番目のシャブリ特級畑となり、今日ではシャブリきっての醸造元ドメーヌ・ロン・デパッキ*のモノポール（独占畑）として、シャブリ最高のワインを生み出している。

世界で最も厳格なフランス・ワイン法でも、このシャブリの特級畑「ムトンヌ」のように、ワイン造りには法の制定以前に非常に長い伝統があるため、時にはその例外もあるらしい。

●——日本の店頭から消えたカリフォルニア・シャブリ

シャブリはフランス国内では辛口白ワインとして古くから有名であるため、他の国でも辛口白ワインの代名詞として、「シャブリ」の名前が使われてきた。特にアメリカでは「カリフォルニア・シャブリ」と表示した辛口白ワインを製造し、日本にも一九八〇年代に多く輸入されていた。「シャブリ」「シャンパーニュ」「ポート」などの原産地名を他国産のワインに使用することは、一八九一年に制定されたマドリッド協

＊ムトンヌ(Moutone)
ブルゴーニュ地方、シャブリ地区のＡＯＣ特級畑のワイン名。特級畑ヴォーデジールとレ・プルーズにまたがっている二・三五haのみの小さな区画から生産されるシャブリの最高級ワインで、ドメーヌ・ロン・デパッキのモノポール（独占畑）である。

＊ドメーヌ・ロン・デパッキ(Domaine Long Depaquit)
シャブリのワイン醸造場名。ブルゴーニュのアルベール・ビショー社の所有で、シャブリ地区に特級畑を含めて六〇haの畑を所有する有名醸造場。グラン・クリュ（特級畑）「ムトンヌ」の醸造者でもある。

定によって禁止されている。この協定には日本も一九五八年に加盟したが、アメリカはこの協定に加盟していないため、カリフォルニア・シャブリなどの表示を続けていた。そのため、フランス政府はアメリカをはじめとして、他国でもフランスの原産地名を使用することに常に不満を持っていた。

　そんな頃、私がシャブリのムトンヌの特級畑の表示を調査するために、ＩＮＡＯ本部に行ったので、法務兼外国部長のビヤンエイメ女史が日本のシャブリ表示についていろいろと質問してきた。彼女は近々、日本に出張し、「シャブリ」について講演すると言う。日本はマドリッド協定に加盟しており、日本産ワインにシャブリとかシャンパーニュなど他国の原産地名を表示することを禁止していると私が答えると、マドリッド協定国は自国の生産ワインにその表示を禁止するだけでなく、他国の不当表示ワインを販売しない義務があり、カリフォルニア・シャブリの輸入を禁止すべきだと女史は主張した。私は、アメリカがカリフォルニア・シャブリの製造を止めれば解決する問題であると主張したが、両者は意見の一致をみることなく別れた。

　後にビヤンエイメ女史が日本で行った講演の内容を間接的に聞いたが、それはかなり厳しいものであった。特に日本はカリフォルニア・シャブリの輸入をただちに中止すべきだと主張したという。その後、日本の輸入ワイン業界もフランスの主張を充分理解して、カリフォルニア・シャブリの輸入を自粛《じしゅく》していった。それ以後、カリフォルニア・シャブリは日本では、ほとんど販売されなくなった。

ムトンヌのワインラベル

●原産地呼称研究所

「シャブリ」や「シャンパーニュ」などのワイン産地名はフランスの原産地呼称統制（AOC）法で厳しく規定され、該当する産地のワインのみに表示が許可されている。この原産地呼称法が制定された目的は、誠実なる消費者および生産者を偽造、変造生産物から保護するために、また、優良品質の生産物を生産する者を、より簡略かつ安価に生産される生産物との競合から保護するためであった。

フランスでは、一九一九年に原産地呼称の範囲が一定の生産地域とぶどう品種のみに限られた「原産地呼称法」が制定された。さらに一九三五年には統制という字句が入った「原産地呼称統制法」が制定され、細かい規定を設けることにより、これまでの呼称権の乱用を厳しく取り締まることにした。細かい規定とは、⑴生産地域の限定、⑵ぶどう品種の指定、⑶ぶどうの最低糖度の規定、⑷ヘクタール当たりの生産量の制限、⑸栽培、醸造法の規定、⑹官能（利き酒）検査、である。

さらに、この法律によって、原産地全国委員会という名の組織が設立され、一九四七年にはそれが原産地呼称研究所（INAO）と改称されて、現在に至っている。この組織は研究所と呼ばれているが、行政的性格をもった公共機関で、その委員は農務省と財務省の官吏と各ワイン生産地の代表から構成されている。その業務は原産地呼称統制（AOC）ワインと産地限定上質ワイン（VDQS）についての保護と管理である。その中には新規AOC産地の認定、海外も含めた他のワイン産地が既存のAO

C名を使用することの禁止などの他に、日常業務として、AOC規定の最低糖度や生産量の検査などがある。ビヤンメイエ女史が「カリフォルニア・シャブリ」に対し、「シャブリ」の表示の使用禁止やこのワインの販売禁止を要求したのは、INAOがAOCワインを保護するための当然の、そしてきわめて重要な活動なのである。

●――不正抑制取締機関

AOC規則が遵守《じゅんしゅ》されているかどうかを含めて、フランスワインのラベル表示やワイン醸造などの取締りは財務省に属する「消費・公正競争・不正抑制取締局」が行う。さて、三楽ではシャトー・レイソンを買収した後、いよいよ日本向けボルドーAOCワインを製造することになった。そこでこの長ったらしい名前の役所に相談することにした。日本の官庁でいえば、公正取引委員会と国税局の鑑定官室を合わせた役所のようなものである。この不正抑制取締局の首席調査官はパスルーグ氏であるが、氏はかつて私がディジョン大学のワイン醸造学科でワイン法の講義を受けた先生である。氏も私もワイン愛好団体の「ブルゴーニュの十字架」という、ディジョンのワイン会で新会員として叙任されたときに、すでにほぼ十年ぶりの再会を果たしていた。

私は、こんな縁のある人が関係する役所に、三楽が販売を計画しているジェネリック・ワインの見本ラベルを数枚持参して、調査官のフィロール女史に面談した。

ボルドーには、同じ産地のAOCワインでも、シャトーが自園のぶどうで造るワインとネゴシアンが桶買して自社の商標で売るネゴシアン・マークのワインとがある。前者をシャトー・ワインと呼ぶのに対し、後者をジェネリック・ワインと呼ぶ。シャトー・ワインはそのワインが生産されるぶどう畑やシャトーの建物をワインのラベルに使うことができるが、ジェネリック・ワインは消費者がシャトー・ワインと混同するのを防止するために、シャトーの建物の写真やイラストを使うことを一切禁止している。

私が持参した見本ラベルに使っている写真は、ぶどう畑の一般的な風景なので、シャトー・ワインと混同しないと判断され、ラベル表示の了解をもらうことができた。しかし、三楽が買収した「シャトー・レイソン」の会社名を使った「瓶詰者レイソン」の記述は、消費者がシャトー・ワイン名に使用されている固有名のレイソンと混同するため、使用できないという。ボルドーAOCのブランド名として大きくレイソンという文字を使用するのでなく、瓶詰者名としてラベルの下に小さく表記するだけなのに、許可してもらえないのだ。

それならと、私は「ボルドーの有名なジェネリック・ワインにムートン・カデ*があり、これにメドック地区第一級シャトーのシャトー・ムートン・ロートシルト*の名前を使っているのはなぜか」とフィロール調査官に質問した。「ムートン・カデがシャトー・ムートン・ロートシルトのセカンド・ワインとして消費者に誤認を与えているのは承知している。だから同じような誤認を消費者に与えないよう、ジェネリック・

* ムートン・カデ(Mouton Cadet)
ボルドーのバロン・フィリップ・ド・ロートシルト社が造るボルドーAOCのジェネリック・ワイン。ジェネリック・ワインとは、ネゴシアンが複数のワイン醸造者から桶買いして、自社のブランドにAOC産地名をつけて販売するワイン。

* シャトー・ムートン・ロートシルト(Château Mouton-Rothschild)
ボルドー地方、メドック地区の一八五五年グラン・クリュ・クラッセ(特級格付け銘柄)第一級格付けのポイヤック村にあるシャトー。一八五五年の格付けでは第二級であったが、一九七三年に第一級に格上げされた。毎年、ワインラベルに有名画家の絵を使用していることでも有名な最高級赤ワインを造る。

A. O. C. のラベル表示

ボルドー地方

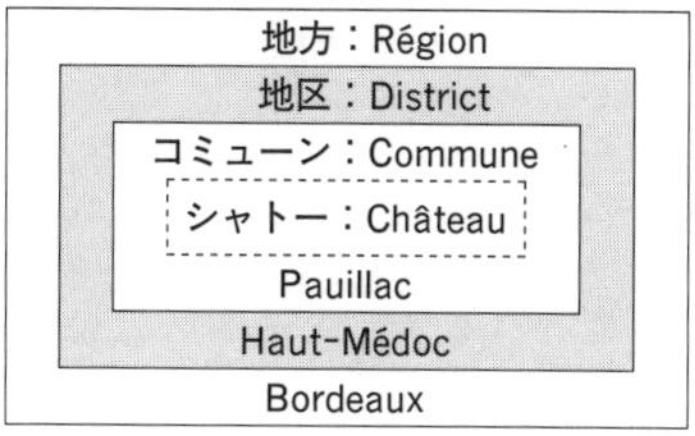

ボルドー地方のAOCの最小単位はコミューン（村）までである。
ボルドーではAOCとは別にシャトーの格付けが行われている。

グラン・クリュ・クラッセ（Grands crus classés）

シャトー格付けは、メドック地区とソーテルヌ・バルサック地区は1855年に、サンテミリオン地区は1954年にシャトーの特級格付け（Grands crus classés）が行われた。サンテミリオン地区は、その後、約10年ごとの見直しがあり、最終の見直しは1996年である。グラーヴ地区は1953年、1959年に赤ワイン、白ワイン生産のシャトーを別々に格付けした。グラーヴの場合はクリュ・クラッセ（Crus classés）と表示されている。

クリュ・ブルジョア（Crus Bourgeois）

1932年にメドック地区で、グラン・クリュ・クラッセの次のクラスのシャトーとして格付けされた。最近10年ごとの見直しが行われ、約300のシャトーが格付けされている。

ブルゴーニュ地方

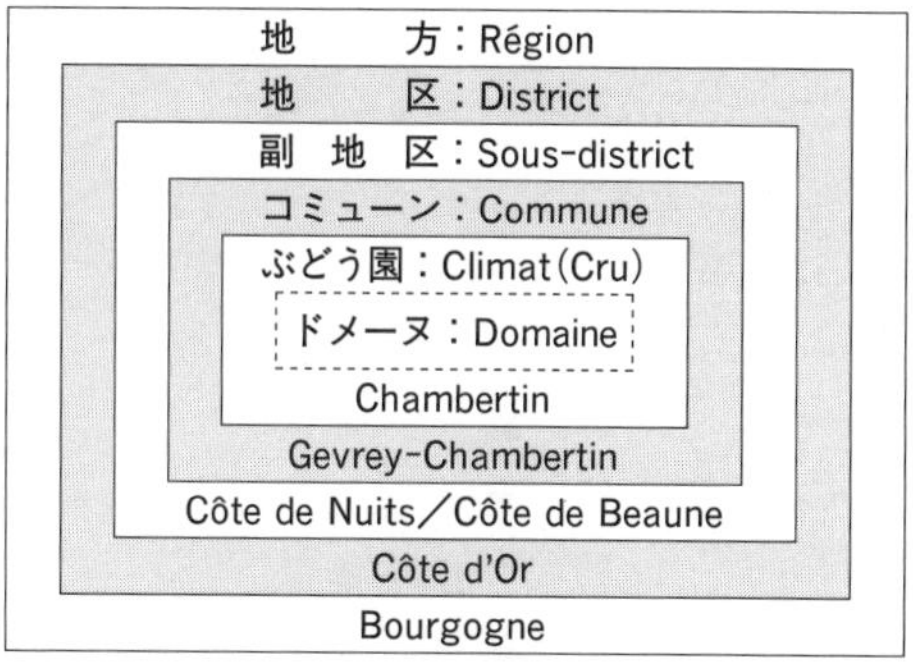

ブルゴーニュ地方のAOCの最小単位は畑まであり、その畑も1級畑、特級畑に格付けされている。

ワインにシャトー名と同じ名前を使うことを禁止しているのだ」とフィロール調査官は説明する。ただ、ムートン・カデについては、表示規則ができる以前から存在していたので、既得使用権として黙認しているらしく、ここでも法律の例外があった。

●――不正ワインの摘発

役所に「不正抑制取締局」があるのは、フランスにもワインの不正があるからである。最近ではボルドー地方のメドックの特級格付け銘柄に指定されている「シャトー・ジスクール」*の不正が発覚している。このシャトーのセカンド・ワインの「ラ・シレーヌ・ド・ジスクール」*は産地はマルゴーAOCのワインであるが、別の産地であるオー・メドック産のワインと、さらに異なる年号のワインを混ぜて、品質表示違反をしたものである。

さらに、このシャトーがワイン醸造で使用が禁止されている牛の血液をオリ下げ剤として使ったことを摘発したのも、この役所である。この牛の血液を不正使用した事件は、尾ひれがつき、イギリスの大衆紙で、ボルドー・ワインに狂牛病の血が使われている可能性があると報道され、日本にもそのニュースが入った。フランスでの不正摘発は狂牛病とは関係がなく、許可されていない物質をワインの醸造に使用した話が曲げられて報道されたものである。

しかし、不正ワインの摘発は忘れられた頃に起こる程度で、ほとんどすべてのワイ

＊ シャトー・ジスクール
(Château Giscours)
ボルドー地方、メドック地区の一八五五年グラン・クリュ・クラッセ（特級格付け銘柄）第三級格付けのラバルデ村にあるマルゴーAOCのシャトー。高級赤ワインを造る

＊ ラ・シレーヌ・ド・ジスクール
(La Sirène de Giscours)
ボルドー地方、メドック地区のグラン・クリュ・クラッセ（特級格付け銘柄）第三級のシャトー・ジスクールのセカンド・ワイン名。

ン生産者はワイン法を遵守《じゅんしゅ》してワインを造っている。不正生産者が摘発されても、それはごく一部の生産者のワインだけが品質をごまかしているのであって、その地区のワインが、ましてワイン全体が不正をしているのではない。日本のようにワイン消費新興国では、不正ワインのニュースが入ると、ワイン全体が不正をしていると消費者は勘違いをし、ワインすべてを疑いの目でみてしまう。正しい情報でワインを選択できる消費者が増えていってこそ、日本も真のワイン消費国になっていくのではなかろうか。

ワインの基礎知識❶ ぶどう品種

ワインの品質を決める重要な要素は「品種」「土壌」「気候」「醸造」「熟成」と言われている。なかでも「品種」は最も重要で、ワインは「育ちより氏（品種）」なのである。

ぶどう品種は、北アメリカを原産地とするヴィティス・ラブルスカ（アメリカ系ぶどう）とカスピ海、黒海に挟まれたコーカサス地方（現在のグルジア共和国）を原産地とするヴィティス・ヴィニフェラ（ヨーロッパ系ぶどう）に二分される。ヴィティス・ラブルスカが生食ぶどうやジュース用ぶどうに多く利用されているのに対し、ヴィティス・ヴィニフェラは「ワインに適するぶどう」を意味し、ワインにとって重要な種で、現在約百品種がワイン醸造に使われている。

歴史的に名声を得たワイン産地には、それぞれのぶどう品種がその土地の気候と土壌に適応している。ボルドー地方のカベルネ・ソーヴィニヨン、メルロー、ソーヴィニヨン・ブラン、セミヨン、ブルゴーニュ地方のピノ・ノワール、シャルドネ、コート・デュ・ローヌ地方のシラー、ドイツのリースリング、北イタリア、バロロ地区のネビオロ、スペイン、リオハのテンプラニーヨなどの品種が、その産地のワインの品種として有名である。

これらの品種のなかで優良なワインができる品種を高貴品種（Cépage noble）と呼び、特にカベルネ・ソーヴィニヨン、メルロー、シャルドネは産地適応性が優れているため世界各地のワイン産地で栽培、醸造に成功している。（口絵II頁参照）

最近、チリをはじめ南半球のワインが人気を博しているが、これらのワインはカベルネ・ソーヴィニヨン、シャルドネなどの高貴品種を使用したワインである。ワイン伝統国の南フランス、イタリア、スペインでもこれらの品種を導入して優良なワインを造っている。イタリアのDOC（原産地呼称統制）ワインには伝統品種の使用が義務付けられているが、敢えてこれらの高貴品種を使い、DOCワインに認定されなくてもヴィノ・ダ・タボーラ（テーブル・ワイン）のカテゴリーで高級ワインを造り、高い価格で販売されている。

ワインの基礎知識❷ 土壌

ぶどう樹は、土壌に下ろした根で木全体を支えながら必要な養分や水分を吸収し、光合成などの生理作用を営み実を育《はぐく》んでいく。したがって、「土壌」は木の成育、ぶどうの収穫量や品質に大きな影響を与え、ワインの品質を決める重要な要素の一つである。

ぶどうには排水が良く、通気性に優れ、根が深く発達する土壌が最適とされている。ワイン用のぶどう畑は、肥沃《ひよく》な土地は必要なく、一見荒れているような土地がよく利用されている。肥沃な土地では、ぶどう樹の成育が旺盛すぎて良い果実ができにくく、痩せた土地のほうがぶどう樹にさまざまな制限が加わるため、収穫量は少ないものの、中身の濃い果実が育つからである。

さらにワインの味は土壌の質にも影響される。石灰質は酸がしっかりしていてキメの細かい芳香に富むワイン、硅土《けいど》質はさわやかで軽くデリケートなワイン、鉄分の多い土壌は厚みがあり高い香りを生み出す。

また、石や礫《れき》のある畑は、水はけがよく、日照による温度の上昇が早く起こるため、ボルドーやブルゴーニュの優良畑には石や礫が多く含まれている。

その他、世界の名醸地とされる畑には、さまざまな特徴が見られる。たとえばフランスのシャンパーニュ地方の石灰岩の上に広がった畑、ブルゴーニュ地方シャブリ地区の貝の化石を含んだ「キメリジアン」と呼ばれる土壌、コート・ドール地区の石灰質に富む岩盤が砕けてできた礫が表面を覆っている畑、ボルドー地方メドックやグラーヴの小さな小石の混じった砂利質の畑。そして、南ローヌ地方シャトーヌフ・デュ・パプの子供の頭ほどもある玉石だらけの畑（口絵I頁参照）、ドイツのモーゼル地方のベルンカステル・ドクトールの畑の「シーファー」と呼ばれるスレート状の石に覆われた急斜面の畑は石だらけで印象的である。オーストラリアのクナワラ地域はテラロッサと呼ばれる赤粘土質の土壌でカベルネ・ソーヴィニヨンやシラーズの最良のぶどうが収穫されている。

ワインの基礎知識❸ 気　候

ぶどうの成育地域は年間の平均気温が摂氏一〇〜二〇度の地域で、緯度でいうと、北緯三〇〜五〇度、南緯二〇〜四〇度の間の地域になる。良いぶどうを収穫するための気候は気温、日照時間、降水量が影響する。

＊気温

質の高いぶどうが収穫されるのは年間平均気温が摂氏一〇〜一六度の地域である。ぶどうが成育するのに必要な気温を表すのに有効積算温度があり、ぶどう成育期間の四〜十月間の摂氏一〇度以上の一日の平均気温の積算が有効積算温度になり、最低八五〇度が必要である。

＊日照時間

日光はぶどう果実の色づき、糖度、酸度、タンニンなどに重要な影響を与える。したがって、良いぶどうを収穫するためには、ぶどうの成育期間は一二五〇〜一五〇〇時間の日照が必要である。

＊降水量

ぶどう成育期に雨が多いと病虫害の発生が多くなり、また夏から秋にかけての雨は日照不足やぶどう果実に過剰の水分が入ることによりぶどうの品質が低下する。良いぶどう産地は年間の降水量が六〇〇〜九〇〇ミリメートル、特に四〜十月のぶどう成育期では五〇〇ミリメートル以下になっている。

＊ミクロ・クリマ、テロワール

ブルゴーニュ地方のように厳しい気象条件の地域ではぶどう畑の標高、方位、勾配、風向きなどのわずかな差で気象が微妙に変化し、ワインの品質に差が生じる。この極めて限定された微小気象を「ミクロ・クリマ」と呼ぶ。テロワールとは本来、耕地とか産地という意味であるが、ワインではぶどう畑の土壌にミクロ・クリマが関わりあった土地（畑）を示している。

さらにワインの品質に影響を与える要素にぶどう栽培をする人の質を加える場合もある。

2
フランス人とワイン

1 ＊フランス人が高級ワインを飲むようになった

●――食事にワインは不可欠

フランス人の食事にはワインは無くてはならない飲み物である。肉食を中心とする食事では、料理を喉《のど》に流し込む必要があり、そのための飲み物がワインなのである。フランスでのワイン造りの歴史は、紀元前六〇〇年頃にフェニキア人がマルセイユに上陸して、南フランス一帯にぶどうを植えたのが最初とされる。その後、ギリシャ人の侵入やローマ帝国の支配、そしてキリスト教の普及とともに、ぶどう栽培とワイン造りはフランス全土に広まっていった。そのころは、その土地で造られたワインはその土地で日常の飲み物として消費されていた。後に、華麗な宮廷文化を開花させたルイ王朝でブルゴーニュ・ワインが人気となり、ボルドーでは有力な貴族の邸宅《ていたく》の大荘園としてぶどう畑が発達して、シャトー・ワインが造られてきている。

毎日の食事ワインは値段の安いワインであり、ワイン法の分類ではヴァン・ド・ターブル（テーブル・ワイン）と呼ばれる日常消費ワインである。日本の大衆食堂に類する安いレストランでは、このヴァン・ド・ターブルを小分けして、ガラス製や陶製の小さい容器でサーヴィスをしている。お客は産地がどこか、味はどうかなどは気にせず、ワインであればよいのである。このガラス製や陶製の水差しのような容器がカラフと呼ばれ、このようにして出されるワインがカラフ・ワインである。

●――コート・デュ・ローヌがカラフで出てきた

私が所長を務めるパリ事務所はパリ北部の九区のクリシイ広場より少し入ったバリュ通りにあった。ムーラン・ルージュに近いこの辺《あた》りは、日本企業が多いオペラ座界隈《かいわい》とちがって、日本食を食べさせるレストランは皆無《かいむ》であった。仕方がないので、昼食はいつも事務所近くのブラッスリーやカッフェでとった。よく行ったのは昼食時だけ簡単な食事を出すカッフェで、奥さんの手作りの日替わり定食を食べた。主人はカッフェのオーナーに多いフランス中央部のオーヴェルニュ地方の出身である。お客としては近くの会社のビジネスマンが多く来ており、フランス人の食事風景も観察できた。昼食を立ち食いソバ屋で済ますこともある日本のサラリーマンとちがって、フランスでは昼休みは二時間あり、この種のクイッククランチ・スタイルのカッフェでもたっぷり一時間をかけて食事をする。飲み物は小分けして出される安価なカラフ・ワインで、一人ではアン・キャール（二五〇ミリリットル入り容器）を、二人ではドュミ（五〇〇ミリリットル入り容器）を注文する。

今から二十年以上前の留学時代（一九七七〜七八年）の経験では、カラフ・ワインは一番安価なヴァン・ド・ターブルだったので、久しぶりにこれを注文した。しかし、店の主人はＡＯＣ（原産地呼称統制）ワインの「コート・デュ・ローヌ*」か「ボルドー*」の赤ワインを勧める。そこで私がコート・デュ・ローヌの赤ワインを注文すると、なんとカラフでサーヴィスしてきた。この種のカッフェでは、コート・デュ・ローヌのようなＡＯＣワインは高級ワインなので、まさか陶器の入れもので小分けして出てくるとは思いもしなかった。カラフ・ワインにＡＯＣワインが使われていたのにはびっくりした。これも時代の変化なのかと考えた。

●――医者や弁護士も日常ワインは安いワイン

パリ駐在の約十年前、私はフランス東部にあるブルゴーニュ醸造試験所で研修を受けながら、ディジョン大学のワイン醸造学科へ通っていた。当時、私は入社六年目に勝沼ワイナリー勤務になり、本場フランスのワイン醸造技術を勉強したいという思いが強くなり、上司に相談した。フランス語の勉強はしていたが、当時は三楽に留学制度はなく、フランス政府給費留学生試験を受けることを勧められた。ＡＣＴＩＭと呼ばれるフランス政府給費技術・経済協力留学生試験に合格したので入社九年目にフランス留学が実現したのだった。

その頃、住んでいたのは、ディジョンから四〇キロほど南のブルーゴニュ・ワインの中心地、ボーヌであった。その時の経験では、スーパー・マーケットで買い物客が

＊コート・デュ・ローヌ(Côtes du Rhône)
フランス南東地方のAOCワイン産地名。リヨンからアヴィニョンまでの二〇〇Kmに至るローヌ川流域に広がる産地。広いAOC産地名で赤、白、ロゼワインを生産するが、赤ワインの生産量が多く、価格が手頃である。

＊ボルドー(Bordeaux)
フランス南西部のワイン産地。AOCワインの最大の生産地で、銘醸シャトーが多くあり、最も有名なワイン産地。

＊ブルゴーニュ・オート・コート(Bourgogne Hautes Côtes)
ブルゴーニュ地方のAOCワインの名称。オート・コート・ド・ボーヌとオート・コート・ド・ニュイがある。ニュイ・サンジョルジュやムルソーなどの村名AOCより広い地域になり、村名AOCより下のクラスのワ

一リットル瓶のヴァン・ド・ターブルを六本、十二本とまとめ買いをしている光景をよく見かけた。当時、スーパー・マーケットのワイン売り場はすべて一リットル瓶で、プラスチック栓《せん》をした日常消費ワインのヴァン・ド・ターブルであった。

当時、私たち家族が住んでいたアパートの八階の両隣は、医者と弁護士の自宅であった。八階のごみ収集場には、彼らが飲んだと思われるワインの空き瓶がよく捨ててあった。それらはブルゴーニュ地方のAOCワインのなかでは下級の「*ブルゴーニュ・オート・コート」や「*ブルゴーニュ・パストゥーグラン」であった。多くのフランス人は、日常はフランス・ワインのなかでも最も下のクラスのヴァン・ド・ターブルを飲んでおり、医者や弁護士でも安いAOCワインしか飲んでいなかったのである。

それでは、ワイン好きのわれわれ日本人にもよく知られている「*ニュイ・サンジョルジュ」や「*ムルソー」等の村名が付いた高級AOCのブルゴーニュ・ワインはフランスではどんな機会に飲むのだろうか。常日頃、不思議に思っていたところ、私たちのアパートの大家のミッシェル家から、クリスマスの招待を受けた。クリスマスは日本の昔の正月と同様に、フランスでは家族の最も大きな行事である。遠く離れて生活をしている子供も、この日には両親の所に集まって、盛大な食事をする。その日は招待された私たち夫婦と三歳の娘を入れて総勢二十人以上がミッシェル家に集まった。ミッシェルさんはボーヌの大手ワイン会社の製造部長であり、ワイン造りを職業としているので、フランス人のなかでも大変ワインに造詣《ぞうけい》が深い人である。

インになる。

＊ブルゴーニュ・パストゥーグラン
(Bourgogne Passe-tout-grain)
　ブルゴーニュ地方の広い地域のAOCワイン名。ブルゴーニュ全域から産するガメイ種を三分の二とピノ・ノワール種を三分の一とを混ぜて醸造する赤ワイン。ブルゴーニュ・ワインのなかでは価格が安い。

＊ニュイ・サンジョルジュ
(Nuits-Saint-Georges)
　ブルゴーニュ地方のコート・ド・ニュイ地区村名AOCワイン名。コート・ド・ニュイの名前の由来になっているこの地区の中心地であり、赤ワインで有名。

＊ムルソー(Meursault)
　ブルゴーニュ地方のコート・ド・ボーヌ地区の村名AOCワイン名、シャルドネ種から造る白ワインで有名。

奥さんの手料理の食事が運ばれるなか、いよいよメイン・デッシュになると、ホスト役のミッシェルさんがおもむろにワイン・ボトルを皆の前に差し出し、「今日はとっておきのニュイ・サンジョルジュを出すので、これを飲もう」と自慢そうに言いだした。日本では、ワイン会などでよく飲んでいた村名がついたAOCワインである。これがフランスでは、このクラスの家庭でも年に数回しか飲めない特別なワインだと理解した。

一九七八年、一月初めの「御公現祭《ごこうげんさい》の日」と呼ばれるカトリックの祝日に、チベール家に招待を受けた。この日は「ガレット・ド・ロワ」という、中に陶製の人形を入れた丸型のケーキが用意され、人数分に切り分けられる。陶製の人形をひき当てた人が男なら王様に、女なら女王様になる家族的なお祭りである。チベール氏はブルゴーニュ・ワイン醸造試験所の研究員であり、留学時代の研修指導者で、公私にわたり世話になった。その日は、近くに住んでいるチベール氏の母親と祖母に私たち家族三人が招かれた家族的な夕食で、この時のメインのワイ

ミッシェル家のクリスマス（1977年、ボーヌ）

ンは「ムルソー」であった。しかし、そのムルソーはラベルの貼ってない瓶に白墨《はくぼく》で「Meursault」と記入してあるだけのもので、醸造試験所の分析サンプルの残りのワインと思われた。

醸造試験所では、醸造者が持ち込んだワインの分析の残りを捨てることはない。ムルソーなどの高級ワインは地下の小樽に溜めて、瓶に詰め替えていた。ブルゴーニュの醸造者を訪問して、樽から直接利き酒させてもらった時も、グラスに残ったワインを樽に戻す光景によく出会《でくわ》した。飲み残しのワインを戻すので訪問者は汚いと思うが、一年の間、ぶどうを手塩にかけて育て収穫し、やっと造ったワインは一滴も無駄にしたくないのが生産者の気持ちである。ブルゴーニュ醸造試験所でも同じく、物を大切にするフランス人の習性で、余ったムルソーのような高価なワインは捨てずに、研究員の飲み用に利用していたのである。

このように一九七七、八年頃は、フランス人は何か特別の祝いごとの時には、高級なAOCワインを飲むが、日常飲むワインは安いヴァン・ド・ターブルがほとんどであり、フランス全体のワイン消費量の八〇%はこの種のワインであった。

●———スーパーにボルドーの高級シャトー・ワインが並ぶ

ところが、それから約十年後の一九八五年頃には、パリのスーパー・マーケットから一リットル瓶のヴァン・ド・ターブルは消えて無くなり、ワイン売り場にはフランス南東部のローヌ川流域の「コート・デュ・ローヌ」や南フランスの「コルビエール」[*]などのAOCワインの品揃えが多くなっていた。パリの高級住宅地で外国人も多い、十六区のパッシーにある高級スーパー「イノ」には、グラン・クリュ・クラッセ（特級格付け銘柄）のボルドーの高級シャトー・ワインが多くあった。しかも、スーパーではかつてよく目にしたワインの六本、十二本のまとめ買いはなくなり、一、二本のAOCワインを買う光景に変わっていた。スーパー・マーケットは主に日常消費材を売っており、AOCワインが同様の商品となっていたのである。逆に、まとめ買いする飲み物はミネラル・ウォーターになっていた。

ではなぜ、フランスで安いヴァン・ド・ターブルが減ってAOCワインを日常に飲むようになったのであろうか。消費者はこれまで個性のない安価なワインを毎日、水代わりに大量に飲んでいた。これに対し、若い世代では両親の世代が飲んでいる安ワインに古くさいイメージをもつようになり、水代わりに飲むワインに代わってまさしくミネラル・ウォーターそのものが好まれるようになった。一方、ワイン消費者は個性的な商品を求めるようになり、ワインは畑、品種、気候を背景にした産地特性の強い飲み物であるため、ワインの選択も個性化を求めるようになった。したがって、少し値段が高くても、飲用回数や量を減らしてでも良質の産地特性のあるAOCワインを飲むようになってきたのであろう。

こうして、日常消費ワインのヴァン・ド・ターブルの消費量が大きく減少し、産地

* コルビエール(Corbière)
南仏、ラングドック・ルーション地方のAOCワイン産地名。赤、白、ロゼワインがある。

表示のあるAOCワインの消費量が増加したのである。しかし、量的にはヴァン・ド・ターブルの減少量がAOCワインの増加量よりはるかに多く、フランスのワイン全体の消費量は大きく減少して、一人当たり年間消費量が、一九七七年当時一〇二リットル（瓶一三六本に相当）あったのが、二十年後の一九九八年では五九リットル（瓶七八本に相当）と四割も減少している。一方、日本では、フランスとは逆にワインは特別な日の飲み物として長い間、一人当たり年間消費量は一リットル以下であったが、一九九四年頃から消費が日常化しはじめて、ワイン消費が増えている。それでも、現在の一人当たり年間消費量は二・五リットル（瓶三・三本）程度で、たかだかフランスの二十四分の一である。

一人当たり年間消費量は総ワイン消費量を総人口で割った統計上の数値で、実際ワインを飲まない子供も含んだ消費量である。フランスで生活す

主要ワイン消費国の１人当たり年間消費量の変化　（単位：L）

国　名	1977	1987	1998
フランス	102.1	75.0	58.8
イタリア	93.5	66.1	55.6
ポルトガル	97.0	64.3	50.3
アルゼンチン	88.5	58.1	40.7
スイス	43.6	47.7	40.9
スペイン	65.0	47.5	38.2
ドイツ	23.4*	25.8*	23.0
オーストラリア	13.7	21.0	19.7
オランダ	11.1	13.7	18.4
イギリス	6.2	10.5	13.1
アメリカ	7.0	9.0	8.3
日本	0.3	0.8	2.5

* 旧西ドイツ　　出典：OIV 会報

る成人は、いったいどのくらいのワインを飲むだろうか、私がパリに駐在した最後の一年間（一九八九年）、私自身が飲んだワインの量を記録してみたところ、一一五リットル（瓶一五三本に相当）になった。ワイン取引先のフランス人の知り合いにワインの一日の適量を聞いたところ、ボトル半分と答えたので、私が消費した平均一日当たり約〇・三リットルは、フランスの知人よりやや少ないといえる。しかし、私が飲んだワインは、ワイン関係の駐在員という職業柄、ほとんどAOCワインであった。

●――高級ワイン専門店の出現

ニコラは、パリ市内と近郊にワイン専門店のチェーンを数百軒持っているフランスの大手ワイン会社である。かつてはパリ郊外のシャラントン市に大きな瓶詰工場と貯蔵庫を持ち、主にヴァン・ド・ターブルをチェーン店に供給していた。お客がまとめ買いしたワインを軽三輪トラックで自宅まで配達するのが、ニコラのセールスポイントであった。しかし、フランス人が日常消費のヴァン・ド・ターブルをだんだん飲まなくなってきたので、ニコラのようにヴァン・ド・ターブルを主力にしていたワイン会社は経営が悪化し、パリ郊外のニコラ本社の瓶詰工場、貯蔵庫およびチェーン店は一九八五年頃、大手コニャック会社のレミー・マルタンに売却されてしまった（その後、さらにカステル社に売却されている）。ニコラの名前を残したチェーン店は、新オーナーの販売方針の変更により、高級ワイン・ショップの体裁に変えたので、ボルドー、ブルゴーニュのグラン・ヴァン（高級ワイン）をはじめとして、AOCワインの品揃えが豊富になった。

パリ郊外のシャラントンはかつてパリの建物を造るための石切り場のあった町である。昔のニコラはボルドーのグラン・クリュ・クラッセ（特級格付け銘柄）のシャトー・ワインをニコラ自社で瓶詰をしており、この石切り場跡を利用した地下貯蔵庫には古いヴィンテージの高級シャトー・ワインが多く貯蔵されていた。このような高級ワインはクリスマス・シーズンに限って売られていたが、消費者の嗜好が高級化したことにより、年間を通じて販売され始めた。さらに、一九八〇年代後半には、ワインの古酒専門店や高級ワイン専門店が出現するようになった。

消費者の嗜好が、安価で大量消費型のヴァン・ド・ターブルから産地特性のあるAOCワインへと変化するにしたがって、ワイン造りにも変化が起こってきた。特にフランスのワイン生産量の五〇パーセント以上を占めていたヴァン・ド・ターブルの生産地、南フランスにおいて、良質ワイン造りへの取組みが大きい。すなわち、旧来の大量生産性ぶどう品種から、カベルネ・ソーヴィニヨン、メルロー、シャルドネ、ソーヴィニヨン・ブラン等の少量生産性の高貴品種（セパージュ・ノーブル）への改植である。また、醸造設備、醸造技術の改良が行われた。このため、フランス・ワイン法で産地が限定されて、地酒とよばれるヴァン・ド・ペイの品種表示ワインに品質の良いものが造られるようになった。南フランスや南西部の知名度の低いAOCワインも醸造技術の改良により品質が向上し、新しい産地のワインとして人気が出てきており、ヴァン・ド・ターブルに代わるワインとしてスーパー・マーケット等で大量に販売されるようになった。

2 ＊ワイン販売店

●――クリスマス用のシャンパーニュはニコラの特売で

駐在員時代（一九八五～九〇年）、私が住んでいたのはパリの西、ブローニュの森に近い、十六区のパッシーであった。住宅の近くには先にふれた「イノ」というスーパー・マーケットがあり、日常飲むワインをよく買いに行った。その頃、スーパーでもＡＯＣ（原産地呼称統制）ワインの品揃えが豊富になっており、ボルドーの高級シャトー・ワインもあった。私がよく買ったのはＡＯＣワインで値段も手頃な十五から二十フラン（約四百～五百円）の「コルビエール」「コート・デュ・ルーシヨン」*「ミネルヴォア」*などの南仏ワインと「コート・デュ・ローヌ」であった。

近くのパッシー通りにはワイン専門店チェーンの「ニコラ」があり、反対側のポール・ドメール通りには高級食料品店の「エディアール」があった。当時のニコラは、

＊ コート・デュ・ルーション（Côtes du Roussillon）
南仏、ラングドック・ルーション地方のＡＯＣワイン産地名。赤、白、ロゼワインがあるが、赤ワインに良いものがある。

＊ ミネルヴォア（Minervois）
南仏、ラングドック・ルーシヨン地方のＡＯＣワイン産地名。赤、白、ロゼワインがあるが、赤ワインに良いものがある。

ヴァン・ド・ターブルや安いAOCワインをまとめ買いする客には、アパートまで配達するサーヴィスをしていたが、私は職業柄いろんな産地のワインを飲んでみたかったので、同じ銘柄のワインをまとめ買いはしなかった。ニコラはクリスマス・シーズンにはオールド・ヴィンテージの高級シャトーやシャンパーニュ（シャンパン）を多数揃えて特別セールを行ったので、わが家のクリスマス用シャンパーニュもニコラで購入した。知人を招待する時や家族の誕生日などには、エディアールへ行って、ボルドーのグラン・クリュ・クラッセ（特級格付け銘柄）のシャトー・ワインやブルゴーニュの村名AOCワインなどを買った。

●――ワインは食料品雑貨店で売っている

フランスではワインの販売場所は大別すると、食料品雑貨店、酒類専門店、スーパーマーケットの三つになる。「エピスリ」と呼ばれる食料品雑貨店では、昔からテリーヌ、ジャム、缶詰めなどの他の食料品といっしょに少数のワインが売られている。ワインはフランス人にとって日常欠かすことのできない飲み物であり、食品を買うついでにワインを買う習慣があったのであろう。私の住んでいたパッシー地区ではチーズ屋や惣菜屋などにも数種類のワインが棚の隅に並べてあった。このエピスリの大きいのが高級食料品店の「フォーション」や「エディアール」であり、これらの店では高級ワインの品揃えが豊富である。パリの中心、八区のマドレーヌ広場に面して、フォーション、エディアールなどの高級食料品店が軒を連ねており、フォーションではワイン売り場だけでなく、分厚いワイン・リストでワインを探すと、カーヴ（地下の貯蔵庫）からワインを出してきてくれる。高級食料品店だけあって、ワインも高級シャトー物やオールド・ヴィンテージの在庫が豊富である。

酒類専門店は「カーヴ……」とか、「ミレジム……」とワインに由来する名前を付けて、蒸留酒からミネラル・ウォーターまで販売している。店の形態は日本の酒販店と同じでウィスキー、ブランデーなどを販売しているが、なかでもワインの扱い量が圧倒的に多い。しかし、この種のフランスの酒類専門店は日本より店舗数ははるかに少ない。酒類専門店として有名なのが、先にあげたパリを中心に約四百五十のチェーン店を持つ「ニコラ」である。この店でもフランス人のワイン嗜好《しこう》の高級化に伴い、従来のヴァン・ド・ターブルや南フランスの安いワインから高級ワインへと販売方針を変えている。以前は高級シャトー・ワインの販売はクリスマス・シーズンに限られていたが、今では年間をとおして販売するようにもなっている。

●——銘醸古酒専門店の出現

このように、フランス人が高級ワインを飲むようになるという嗜好の変化に伴い、ワインの販売分野でも、きわだった変化がみられるようになったが、もう一つの特徴は、酒類専門店の中で古酒専門店が出現してきたことである。これまで、銘醸古酒は

＊シャンベルタン (Chambertin)
　ブルゴーニュ地方、コート・ド・ニュイ地区ジュブレイ・シャンベルタン村の特級畑のワイン名。最高級銘醸赤ワインであり、ナポレオンが好んだワインとしても有名。

高級レストランのワイン・リストに載るか、ニコラのようにシーズンを限定して販売するのが主なものであり、フランス人の日常とは無縁であった。しかし、フランス人も高級ワインを求めるようになり、「レ・ヴィユ・ヴァン・ド・フランス（フランスの古酒）」「ヴァン・ラール・エ・コレクション（稀少コレクション・ワイン）」「レペール・ド・バッカス（バッカスの隠れ場）」といった名前の古酒専門店などが出現してきた。これらの店には、四十年、五十年も前のオールド・ヴィンテージのワインが揃えてあり、後にも述べるように、日本から依頼された古い誕生年のワインや私自身の誕生年のワイン「*シャンベルタン一九四五年」、結婚記念年のワイン「シャトー・ムートン・ロートシルト一九七三年」を購入するときには、私もこれらの古酒専門店で探した。

●――――日常ワインはスーパーで購入

スーパー「イノ」のワイン売り場のディスプレイは、ワイン専門店の体裁を示していて、下は安い紙パックの

パリのスーパー・マーケット「イノ」のワイン売り場

ヴァン・ド・ターブルから上はボルドーのグラン・クリュ・クラッセ（特級格付け銘柄）のシャトーやブルゴーニュの銘醸ワインまで揃っている。壁面の棚はAOC産地別にボトルが横積みに並べられ、それぞれの棚の前に見本用としてボトルが一本ずつ立てて展示してあり、分かりやすかった。比較的若い年号であったが、ボルドーのグラン・クリュ・クラッセのシャトーやブルゴーニュの有名な村の一級畑のワインも数種類揃っており、ショーケースの中には「シャトー・ペトリュス*」までが展示してあった。フランス人が日常に買うワインが高級化してAOCワインを選ぶようになりだしたのは一九八〇年代の後半からで、スーパー・マーケットでも高級ワインのAOCワインの品揃えが多くなっていた。フランスでのワインの販売はハイパー・マーケットとスーパー・マーケットでの割合が半分以上もあり、ワイン販売店としての役割が非常に重要になってきていた。

　スーパー・マーケットで販売数量の多いAOCワインには、従来からよく知られている「コート・デュ・ローヌ」「ボルドー」「ボージョレ*」「ムスカデ」のほかに、「コート・デュ・マルマンデ*」「コルビエール」「ミネルヴォア」「コート・ド・プロヴァンス*」「カオール*」など、南フランス、フランス南西部の無名のAOCワインが特筆できる。これらのワインの価格は十から二十フラン（約二百五十円〜五百円）で、言い換えればフランス人が日常によく買うワインの価格帯である。

＊シャトー・ペトリュス
(Château Pétrus)
ボルドー地方、ポムロール地区は公式格付けがないが、この地区筆頭の最高級ワイン。メルロー種を主体に醸造されるこのワインは熟成するにつれて味わいに膨らみとビロードのような滑らかさをもつ。

＊ボージョレ(Beaujolais)
ブルゴーニュ地方、ボージョレ地区のAOCワイン産地名。ガメイ種から造られる軽い赤ワインとして、またヌヴォー（新酒）としても有名。ボージョレ地区は「ボージョレ」「ボージョレ・ヴィラージュ」「クリュ・ボージョレ」がある。クリュ・ボージョレにはサンタムール(Sant-Amour)、ジュリエナ(Juliénas)、シェナ(Chénas)、ムーラナヴァン(Moulin-à-Vent)、フルーリー(Fleurie)、シルーブレ(Chiroubles)、モルゴン(Morgon)、レニエ(Reniē)、コート・ド・

●――産地直接購入が可能なブルゴーニュ、不可能なボルドー

このように、フランス人のワインの購入先はスーパーなどが多くなってきたが、もう一つの特徴として、ワイン産地からの直接購入がある。地方のワイン産地を旅行したついでに醸造元を訪問し、利き酒して、気に入ったワインがあれば、ケース単位で購入して車のトランクに詰めて持って帰るという方法である。このような醸造元からの直接販売が多い産地はアルザスとブルゴーニュであり、グラン・クリュ（特級畑）街道と名付けられた道路の途中に、「利き酒可能、直接販売」と看板を立ててあるのをよく見かける。この地方はフランス人のみならず、ドイツ人、スイス人などの外国人旅行者が多いために、醸造元からの直接販売が発達したものと思われる。

フランスの二大銘醸産地の一つ、ブルゴーニュの中心地のボーヌには、ワイン専門店が多くある。有名なのが「ドニ・ペレ」で、ボーヌの大手ネゴシアン（桶買い業者）数社のワインを販売している。ここには、ブルゴーニュ・ワインの名産地コート・ドール地区のほとんどの村名AOCと特級畑のAOCワインが揃っている。また、「ラ・メゾン・ド・ヴィニョロン」という店では、ヴィニョロンと呼ばれるぶどう栽培者が造ったワインを売っており、大手ネゴシアンのワインとは違ったタイプのワインを探すことができる。ボーヌ観光案内所の横に「マルシェ・オー・ヴァン（ワイン市場）」という観光施設があり、入場料を払って地下へ下りると、産地別に二、三十種類のワインが利き酒できる。気に入ったワインを見つければ、出口でワインを注文

ブルイ(Côte de Brouily)、ブルイ(Brouily)の十カ所の村があり、これらの村から造られるワインは上級ボージョレ・ワインになる。

＊ コート・デュ・マルマンデ(Côtes du Marmandais)
フランス南西部地方、ガロンヌ川流域のAOCワイン産地名。赤、白ワインがある。

＊ コート・ド・プロヴァンス(Côtes de Provence)
南仏、プロヴァンス地方のAOCワイン産地名。爽やかなロゼワインで有名。

＊ カオール(Cahors)
フランス南西地方のAOCワイン産地名。「カオールの黒」と称される色の濃い赤ワインになる。

することもできる。私も何回か行ったが、観光客相手にしているためか、ワインの質はやや特徴に欠けるように思われたので、注文したことはなかった。

もう一方の銘醸地ボルドーはシャトーからの直接販売はほとんどしない。ボルドー・ワインの伝統的取引が、クルチュエと呼ばれる仲買人をとおして、シャトーからネゴシアンに売られるためで、ボルドーのシャトーを見学しても、ワインを直接購入できるシャトーはほとんどないのが現状である。かつて作家で美食家の邱《きゅう》永漢《えいかん》さんを団長とする日本のワイン愛好家の団体をボルドーのシャトーに案内したことがあるが、その折り、有名シャトーのワインを買いたいという要望があった。しかし、シャトー直売はやっていないので、ボルドー市内のワイン専門店「ヴィノテク」へ案内した。ここには主なシャトーのワインが多く揃っており、一行十数名で日本円に換算して百万円以上も高級ワインを買い込んだので、店の主人はびっくりしていた。この店のほかにも近くに、「マグナム」や「アンテイヤン」という名前のワイン専門店があり、ボルドーの有名シャトーの出来のよいヴィンテージが揃っている。私もボルドーに出張した折には、この三つのワイン専門店に立ち寄って、パリで手に入らないグラン・クリュ・クラッセのシャトー・ワインを一、二本よく買って帰った。

産地であっても、値段はパリに比べて安くない。しかし、ワイン産地で買うワインは同じワインであっても、元祖、本物の雰囲気があり、ワイン産地訪問者に人気があるものと思われる。日本においても、山梨県をはじめとして、国産ワイン産地の活性化には、フランスの例が大きなヒントになるであろう。

3 ＊ハーフボトル

●――レギュラーボトルを半分残せ

私は、在仏中は職業柄、名所旧跡の見学のついでにワイン産地を訪れて、その土地のワインを飲むことを楽しみにしていた。一九八八年も夏の休暇を利用して、旧石器時代の動物の壁画で知られるラスコーの洞窟や百数十メートルの地下に形成されたパディラックの鍾乳洞のあるフランス南西部を家族で旅行した。この地方はボルドー地方の東に位置し、有名ではないが「ベルジュラック＊」、「カオール」、「ガイヤック＊」などのワイン産地がある。

途中、山の上に中世の面影が残っているロカマドールの町の近くに泊まった。家族四人の旅行だが、長女は中学生、次女は小学生であり、妻はワインをグラスに半分しか飲まないので、夕食のワインの注文はハーフボトルで充分である。ホテルのレストランで土地のワインをと思った時、西洋中世史家、木村尚三郎氏の著書『カオールの酒壺』（講談社）を読んだことを思い出し、「カオール」の赤ワインを飲むことに決め

＊ ベルジュラック(Bergerac)
フランス南西地方のAOCワイン産地名。ボルドーの東に位置する地域で、赤、白、ロゼワインがある。

＊ ガイヤック(Gaillac)
フランス南西地方のAOCワイン産地名。トゥールーズの東に位置し、赤、白、ロゼワインがある。

た。カオールは、ボルドーの東百五十キロにある、中世に大商業都市として栄えた町で、その土地のワインはAOCワインにもなっており、同氏は本の中で「カオールはフォアグラと色の濃い赤ぶどう酒で有名だ」と述べている。ワイン・リストにその「カオール」のハーフボトルが載っていたので、注文すると、レストランの主人は七五〇ミリリットルのレギュラーボトルを持ってきた。

「今、ドゥミ・ブテイユ（ハーフボトル）を切らしているから、これを半分飲んでくれ」と言ってレギュラーボトルの栓を開けた。深いルビー色のカオールの赤ワインを妻のグラスに半分注ぎ、残りは私が手酌で飲みはじめた。若いが、タンニンの渋味は邪魔にならないボディのしっかりした美味しいワインであったので、料理を食べながらボトル半分近くまで飲んだ。いずれ残りの半分は別の客に出すのだろう、それに半分以上飲むとボトル一本分のワイン代を請求されるのではと思った。多めに残すのも癪《しゃく》なので、ワインの残量を指で計りながら「もう一センチ、もう五ミリ飲んで大丈夫」と、ちょうど半分になるところで止めた。

ハーフボトルを注文し、代わりにレギュラーボトルをサーヴィスされたのはこの時だけでない。南フランスのプロヴァンス地方を旅行した時も同じ体験をした。その時も半分残ったボトルでなく、未開栓のボトルであっ

ワイン瓶の大きさと呼称

容量（ボトル換算）	ボルドー	シャンパーニュ
375 ml（1/2 本分）	Demi-Bouteille（ドゥミ・ブテイユ）	Demi-Bouteille（ドゥミ・ブテイユ）
750 〃（1 〃）	Bouteille（ブテイユ）	Bouteille（ブテイユ）
1,500 〃（2 〃）	Magnum（マグナム）	Magnum（マグナム）
3,000 〃（4 〃）	Doubles Magnum（ドゥーブル・マグナム）	Jéroboam（ジェロボアム）
4,500 〃（6 〃）	Jéroboam（ジェロボアム）	Réhoboam（レオボアム）
6,000 〃（8 〃）	Impérial（アンペリアル）	Mathusalém（マテュザレム）
9,000 〃（12 〃）		Salmanazar（サルマナザール）
12,000 〃（16 〃）		Balthazar（バルタザール）
15,000 〃（20 〃）		Nabuchodonosor（ナビュショドノゾール）

＊ Jéroboam は、ボルドーとシャンパーニュで容量が異なる。

た。私が残した半分のワインはどうするのか疑問に思ったが、たぶん、お客にサーヴィスすることはしないで、料理に使うか、店の主人が自分で飲むのだろうと想像した。このような体験はパリのような大都市ではまったくなく、いつも地方の町で、しかもあまり知られてないAOCワインを注文した時であった。後で考えてみるに、このような無名のAOCワインは、もともとハーフボトルは造っておらず、ボルドーやブルゴーニュなどに比べて価格が安いため、いつもレギュラーボトルをサーヴィスしているのではないかと思った。

●大瓶ほど長く熟成する

ワインは、ボトル容量が大きいほど、コルクから空気が溶け込む割合が少ないので、長期に熟成ができる。一般には銘醸ワインは長く熟成させるためハーフボトルは生産していないし、すべての産地の生産者がハーフボトルを生産しているわけではない。ハーフボトルはレストランの一人用のワインとして需要があるため、限られた生産者のワインがあるのみである。

メドックのグラン・クリュ・クラッセ（特級格付け銘柄）のシャトーでハーフボトルを製造している所は少なく、第一級シャトーでは「シャトー・ムートン・ロートシルト」だけである。反面、多くの銘醸シャトー

ワイン・ボトルの色々な大きさ（写真左から、アンペリアル、ジェロボアム、ドゥーブル・マグナム、マグナム、ブテイユ、ドゥミ・ブテイユ）

では、普通のボトルの二本分の一・五リットル瓶のマグナムや四本分の三リットル瓶のドゥーブル・マグナムを、時には、さらに大きい六本分の四・五リットル瓶のジェロボアムを製造している。マグナムのような大瓶は普通ボトルより良い状態で長く貯蔵、熟成できるため、価格はボトルの倍数の価格より高くなる。各シャトーの大瓶の生産量は非常に少なく限られており、「シャトー・ムートン・ロートシルト」のラベルには瓶詰め本数が記入してある。一九八一年のラベルから読み取ると、瓶詰量はハーフボトルとレギュラー・ボトルを合わせて二五二、八四〇本、大瓶のマグナムとジェロボアムは合わせて四、七〇〇本であり、大瓶は全体の約二パーセントのみになっている。

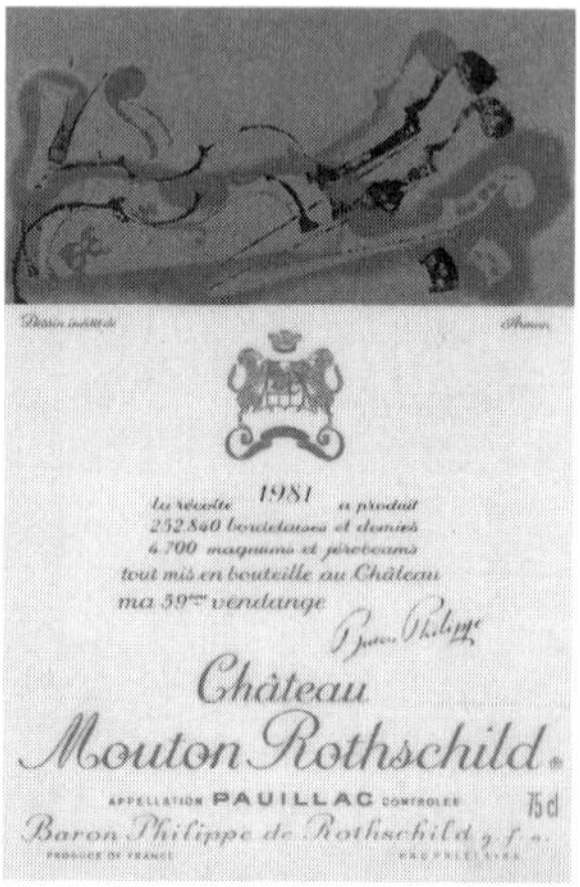

シャトー・ムートン・ロートシルトのワインラベル

●―――ハーフボトルの効用

レストランで注文するハーフボトルが重宝なのは一人用のワインとしてだけではない。数人で食事に行ってオードヴルにフォアグラを選んだ時、合わせるワインのソーテルヌは甘口ワインであるため、ハーフボトルで充分に量が足りる。また、四人ぐらいの食事で白ワイン一本、赤ワイン一本を注文し、メイン・ディッシュで赤ワインを飲んでしまった時、もう一本のレギュラーボトルは多すぎるので、フロマージュ（チーズ）には赤ワインのハーフボトルを注文すれば、充分な量である。最後のフロマージュに合わせるワインは一番良いワインにするため、メイン・ディッシュに飲む以上のワインを選ぶ必要があり、高いレギュラーボトルを注文して飲み残すのももったいないので、私はハーフボトルをよく注文した。ハーフボトルは熟成が早く進んでいるので、レギュラーボトルではまだ若いと思われるミレジム（収穫年）でも、熟成した味わいがフロマージュとぴったりと合うワインになっていることが多かった。

●――魚にも、肉にも合うワインは

二人で食事をする時は、ボトル一本がちょうど適量のワインである。オードヴルには白ワインが合い、メインには赤ワインが合うのに一本だけしか選べない時、どんなワインがよいのか決めるのに苦労する。このような時、フランス人はほとんど赤ワインのレギュラーボトルを注文して、オードヴルもメインの肉料理も赤ワインで通してしまう。私などは、タンニンの強い赤ワインでなく、「シノン」*「ソーミュール・シャンピニー」*や「ブルゲイユ」*などのカベルネ・フラン種からできているロワール産の赤ワインをよく飲んだ。

白ワインを魚料理にも肉料理にも合わせるのは赤ワイン以上に難しい。イギリスではアルザスの「リースリング」がこのような場合に飲まれていると、前述のディジョン大学の同級生で、アルザス・ワインの醸造者として名高いクンツ・バー家のジャック・ヴェベール君が教えてくれた。赤ワインで鶏肉を煮込んだコック・オー・ヴァン

＊ シノン(Chinon)
ロワール川中流地方のAOCワイン産地名。カベルネ・フラン種から造られるすみれ香のある華やかな赤ワインが有名である。シノンはジャンヌ・ダルクの逸話のある町である。

＊ ソーミュール・シャンピニー(Saumur Champigny)
ロワール川中流地方のAOCワイン産地名。カベルネ・フラン種から造られる木いちごやすみれ香のある華やかな赤ワインが有名である。

＊ ブルゲイユ(Bourgueil)
ロワール川中流地方のAOCワイン産地名。カベルネ・フラン種から造られる木いちごやすみれ香のある華やかな赤ワインが有名である。ロゼワインもある。

はブルゴーニュ地方で有名な料理であるが、アルザスでは白ワインを使ったコック・オー・ヴァン・ブランになり、白ワインと切り離せない地方料理になっている。赤ワイン用品種にピノ・ノワール種があるが、アルザスは北の地方のためぶどうの熟度が完全でなく、出来上がったワインもかなり軽くなっている。そのため、地元のレストランでは使用されているが、パリではあまり有名ではない。魚料理にも肉料理にも合う白ワインは、ヴェベール君が言うように、アルザスにあるように思われた。「リースリング」より香味の個性の強い「ゲヴェルツトラミネール」や、味に厚みのある「トケイ・ピノ・グリ」の上級品は肉料理にも合う。

レストランで食事をする時、量的にワイン一本で足りるなら、ワイン代が高くなるがシャンパーニュで最初から最後まで通すと、魚料理にはもちろん、肉料理にも合うので、シャンパーニュのもつイメージのエレガントな食事になる。メインの肉料理にどうしても重厚な赤ワインを飲みたい時、アペリチフにグラスでサーヴィスされる白ワインかシャンパーニュを注文して、これでオードヴルまで続けて、二人でレギュラーボトルの赤ワインを飲んだこともある。

フランス人は二人で食事をする時、ワイン一本で足りるなら、あえて魚料理に白、肉料理に赤のハーフボトルワインを飲むようなことはせず、ワインの選択の幅が広いレギュラーボトルを飲んでいる。つまり、ワインの品揃えが豊富でその時の料理に最も好きなワインを選ぶことができるからである。ところが、日本からの訪問者がワイン業界の人だと、いろいろなワインを味わってみたいと探究心も旺盛になり、白、赤のハーフボトルを注文することになる。このような光景を見れば、ソムリエは、今日のお客はワイン業界の関係者だと見抜いているだろう。そうでなくても、男二人で食事にきているのだから、パリ駐在員と日本からの出張者であることは一目瞭然《いちもくりょうぜん》である。こういう場合、得てして、星付きのレストランでは、雰囲気を壊さないように、客は隅の方のテーブルに案内される。

●――一人で二本のハーフボトルを飲む客はいない

ディジョン大学に留学していた頃、マセラシオン・カルボニック法（MC法）の赤ワイン醸造法を調査するため、南ローヌ地方のアヴィニョンの国立農業研究所へ行ったことがある。マセラシオン・カルボニック法とは、ぶどうを潰《つぶ》さずに房《ふさ》のままタンクに入れて、炭酸ガスで充満させ、数日間置いてからぶどうを取り出して圧搾《あっさく》する赤ワインの特殊な醸造法である。この方法で醸造した赤ワインは色は充分に出ているが、渋味の少ないワインになり、ヌヴォー（新酒）などに適する醸造方法である。その日は、このMC法の開祖であるミシェル・フランツィの子息で、この研究を継承しているクロード・フランツィさんに、MC法を採用している南コート・デュ・ローヌ地方のワイン醸造場を案内してもらった。アヴィニョン近くの、ロゼ・ワインで有名な「タヴェル」*や、銘醸赤ワインの「シャトーヌフ・デュ・パプ」*も調査した。その夜

＊ タヴェル(Tavel)
コート・デュ・ローヌ地方南部のAOCワイン産地名。アヴィニョンの町に近いローヌ川右岸にある村で、ロゼワインで世界的に有名。

＊ シャトーヌフ・デュ・パプ
(Châteauneuf-du-Pape)

コート・デュ・ローヌ地方南部のAOCワイン産地名。アヴィニョンの北のローヌ川左岸に位置する村で、十四世紀ローマ法王の別荘地であり「法王の新しい城」と名付けられた場所。十三種類のぶどうが使われる力強い赤ワインが有名。

はコート・デュ・ローヌ南端近くにあるシャトーヌフ・デュ・パプ村に泊まることにし、広場の横に小さなホテルを見つけた。

小さな村のため他には食事をするところはなく、このホテルのレストランで夕食をとった。料理は魚のムニエルだったので、その日、訪れた「タヴェル・ロゼ」のハーフボトルにした。ゆっくり食事をしているうちにワインが空になってしまった。もう少しワインが飲みたくなり、せっかくシャトーヌフ・デュ・パプ村に泊まっているのだから、ここの赤ワインを飲まなければと職業意識が強くなった。一人では飲み過ぎになるかとも考えたが、どうせ、今夜はこのホテルに泊まっているのだから、這《は》ってでも部屋に行けると思って、「シャトーヌフ・デュ・パプ」のハーフボトルをもう一本注文して飲んだ。勘定は宿泊代といっしょにしてもらうので、部屋の番号を伝えサインだけして部屋に帰った。当夜は少し飲み過ぎて、いい気分になっていたため料金をろくに確認してなかったが、翌日、部屋代と昨夜の食事代の合計を支払う段になって勘定書をみると、ワイン代は「シャトーヌフ・デュ・パプ」だけが請求されていた。食事に一人で来て、ハーフボトルを二本も飲むとは考えられない。きっと店の主人は常識ではハーフボトル一本と思い、間違ってしまったにちがいない。その当時、留学生の身で、貧乏生活をしていたので、ワイン代一本儲《もう》けたと思い、そのまま帰宅した。

後年、パリ駐在員になって、再びシャトーヌフ・デュ・パプ村に行く機会があった。前回のレストランで食事をして少しチップをはずもう、と思って訪ねた。しかし、ホテルのあった場所は、有名な法王の畑と呼ばれるクロ・デュ・パプの醸造者ポール・アヴリルの事務所になっていた。そのようなわけで、いまだに私は「タヴェル・ロゼ」のハーフボトルのワイン代、三十フランほどが払えずにいる。

4 ＊ボルドーのシャトーで利き酒バトル

●――ボルドー・ワインはラベルを隠したデカンターでサーヴィス

ワインの専門家同士では、よくラベルを隠したまま利き酒して、ワインの名前を当てるブラインド・テイスティングをする。また、この方法は先入観なしにワインの品質を正しく評価するうえでも必要である。

ボルドーの赤ワインはサーヴィスする時、ボトルからクリスタル製のデカンターに移しかえるので、ワイン名を隠すことができ、ブラインド・テイスティングに都合がよい。ボルドーでは、熟成した赤ワインは澱《おり》を除くためと、空気にふれさせて香りを引き立たせるために、ボトルから別の容器に必ず移しかえること（デカンタージュ）をするのだ。ワインの仕事に携わっている家庭では、日常よくこの目隠しテイスティングをしている。ボルドーの取引先、カステジャ家が所有するソーテルヌ地区バルサック村のシャトー*・ドワジィ・ヴェドリーヌに三楽の鈴木社長とともに招待をうけたことがあった。その日、同席したのは、カステジャ家の長男でジョアンヌ社の社長であるピエール・アントワンヌ、次男のオリビエ、三男のエリックの三兄弟と御両親であった。その日は日本からの重要な来客をもてなすために、ワインは厳選されたものが準備されていた。極上のワインはボルドーのワイン関係者と言えどもめったに飲めるものではないので、招待側の家族も、ワインを楽しみにしている。成人した子供たちは若い時から、このような席でワインを利き酒評価して、経験を重ねているのだろう。

さて、一同が席に着くと、まず、デカンターに入った黄金色の白ワインがアペリチフとしてサーヴィスされた。よく冷えた、こってりとした極甘口ワインで、貴腐《きふ》ぶどうから造った独特の香りがあり、すぐにソーテルヌ・バルサック地区の格付けシャトーと分かった。これは招待を受けた「シャトー・ドワジィ・ヴェドリーヌ」の高級なバルサックであり、ミレジム（収穫年）はやや若いが、

ボルドーのシャトー・ドワジイ・ヴェドリーヌへの招待

出来のよい一九八三年であった。

次に、クリスタル製のデカンターに入れられた赤ワインが出され、カステジャさんが一口、テイスティングして、皆のグラスにワインを注いで回った。デカンターに移しかえられているのでワインのラベルが見えなくて、準備したカステジャさん以外はワインの名前が誰にも分からない。良いワインを飲む時は、ボルドーのワイン・ファミリーは、このブラインド・テイスティングでワインのシャトー名を利き当てっこして楽しむのである。

＊シャトー・ドワジィ・ヴェドリーヌ（Château Doisy-Védrines）
ボルドー地方、ソーテルヌ・バルサックの一八五五年グラン・クリュ・クラッセ（特級格付け銘柄）の第二級に格付けされたバルサック村のシャトー。高級甘口ワインとして有名。

●——小石のある土壌の特徴はグラーヴのワイン

その日は、日本のワイン技術者である私が同席するということで、まず私に、このワインは、どこの産地の、どのシャトーで、ミレジム（収穫年）は何年と思うか、と尋ねられた。

ボルドーのシャトーでの食事であるし、デカンタージュされているから、今夜のワインはボルドー地方のワインのはずである。香り、味を確認するとボルドーに間違いない。次にボルドーのなかで代表的な赤ワインの四つの地区、メドック、グラーヴ、サンテミリオン、ポムロールのどの地区かを推定すると、メドックほどタンニンが強くなく、メルロー種主体のサンテミリオンやポムロールのワインとは明らかに違う。小石の多いグラーヴ地区のカベルネ・ソーヴィニヨン種の特徴を示す、しっかりとした味の骨格をよく表現していた。「産地はグラーヴだと思いますが」と答えると、カステジャさんは「そのとおり。では、どのシャトーかね」と尋ねる。

私は非常に出来の良いワインなので、クリュ・クラッセ（格付け銘柄）の高級シャトーだと思った。記憶にある「シャトー・オーブリオン*」とはわずかに味を構成している厚みと渋味、いわゆるボディが違うので、「シャトー・ラ・ミッション・オーブリオン*」と答えると、これも当たった。

「それでは、ミレジムは」と、さらに、カステジャさんが尋ねる。

まず、まだ若さがあり、デカンタージュをして、ちょうど、飲み頃に入った十数年前の七〇年代後半の収穫年と推定した。天候に恵まれた年の特徴である、味の膨らみを備えているので、七五年、七六年、七八年の可能性があるが、七五年のものはまだタンニンが強く、香りが開いてないため、これではない。七六年産は出されたワインよりもっと熟成している。そこで「一九七八年です」と答えた。正解であった。シャトー名に続いて年号まで当てたので、会食に参加していた一同は、日本のワイン技術者の利き酒に「お主、なかなかやるな」という表情をした。反面、まぐれかなという感じでもあった。私としては、とにかくホットすると同時に、日本のワイン技術者として面目が保たれたことがうれしかった。

●――力強さと優美さが調和したサンジュリアンのワイン

＊シャトー・オーブリオン（Château Haut-Brion）
ボルドー地方、グラーヴ地区のクリュ・クラッセ（格付け銘柄）に格付けされている銘醸シャトー。一八五五年のメドックのグラン・クリュ・クラッセ（特級格付け銘柄）でも、グラーブ地区から例外的に第一級に格付けされたシャトー。赤ワインだけでなく白ワインでも最高級ワインを造っている。

＊シャトー・ラ・ミッション・オーブリオン（Château La Mission-Haut-Brion）
ボルドー地方、グラーヴ地区のクリュ・クラッセ（格付け銘柄）格付けシャトー。シャトー・オーブリオンに隣接している。高級赤ワインで有名。

次の赤ワインもデカンターで出され、カステジャさんは「今度のワインはどのシャトーかね」と言って、私のグラスにワインを注いだ。

タンニンのしっかりした味わいはメドック地区のものに間違いない。シャトー名を特定するには、メドックのなかの村を判別しなければならない。主な村にはジロンド川の上流からマルゴー村、サンジュリアン村、ポイヤック村、サンテステフ村があり、ぶどう畑の土壌はそれぞれの村で小石と粘土質の割合が異なり、ワインの味に微妙な差を出している。マルゴー村は上流のため小石が多く、上品な味わいと優美さとを持ったワインである。反対にサンテステフ村は下流になり、粘土質が多いため、重厚な膨らみのあるワインになっている。ポイヤック村は骨格のしっかりしたタンニンの多い、力強いワインであり、サンジュリアン村はタンニンのある力強さと優美さが調和しているワインである。

土壌とワインの味の関係から判断し、テイスティングしたワインは「サンジュリアンのシャトー・デュクリュ・ボーカイユ*」と答えた。ミレジム（収穫年号）は、色合いはやや煉瓦色が混じった濃い赤、香りは黒胡椒《くろこしょう》と腐葉土《ふようど》の香りがあり、熟成が頂点に達して二十年ほど経っている非常に良いミレジムと分かったので、「一九七〇年」と答えた。するとカステジャさんが目を丸くして、「ムッシュ・オサカダはシャトー名もミレジムもすべて当てた。シャトー・デュクリュ・ボーカイユの一九七〇年だ」と言うと同時に、食事に参加していた全員からも感嘆の声が上がった。

＊ シャトー・デュクリュ・ボーカイユ(Château Ducru-Beaucaillou)
ボルドー地方、メドック地区の一八五五年グラン・クリュ・クラッセ（特級格付け銘柄）で第二級に格付けされたサンジュリアン村にあるシャトー。第二級格付けシャトーの中でも、特にワインの品質が優れているためスーパー・セカンド・シャトーと言われている。

●――熟成した滑らかな味わいはサンテミリオンのワイン

私が二つのワインを利き当てたので、もはや、まぐれではないと分かり、三番目の赤ワインが出され、ほんとうの実力が問われることになった。果たして私にそれが分かるかどうか、当日の会食者の興味の的となった。三番目のワインは二番目のワインよりさらに熟成が進み、香りは腐葉土、きのこ、煙草の香りの混じった複雑な香りで、味はタンニンが甘くなるほどに熟成して、滑らかなビロードのようなので、力強いタンニン分を特徴とするカベルネ・ソーヴィニヨン種主体のワインとは異なる。

「一九六六年のサンテミリオンですが、シャトーはすぐには分からない、少し考えさせて下さい」と言って、私は頭の中でサンテミリオンのシャトーを二つに大別していった。コートと呼ばれるぶどう畑が斜面にあるシャトー群と、グラーヴと呼ばれる小石が多い台地にぶどう畑があるシャトー群に分けて判断していった。二十数年を経たワインで、どちらの産地でも充分な丸みを持った味になっているので判定は難しかったが、より優しさがあったので、グラーヴと呼ばれる台地のワインだと思い、「*シャトー・シュヴァル・ブラン」と答えた。

カステジャさんはすっと立ち上がって台所に行き、デカンタージュした三本のワインの空瓶を持って来て、黙ってテーブルの上に並べた。まさに「シャトー・シュヴァル・ブラン、一九六六年」であった。

最後のデザート・ワインは琥珀《こはく》色の白ワインがクリスタルのデカンターでサーヴィ

＊ シャトー・シュヴァル・ブラン
(Château Cheval Blanc)
ボルドー地方、サンテミリオン地区の格付けでプルミエ・グラン・クリュ・クラッセ（特級格付け第一級）に格付けされているシャトー。サンテミリオン地区の最高級赤ワインとして有名。

スされた。これも明らかに貴腐ワインのバルサックである。色は琥珀に変わり、かなり古いワインのように思える。二十年以上熟成している六〇年代のグレイト・ヴィンテージ（秀作年）で一九六一年と判断した。シャトーは、もちろん「ドワジイ・ヴェドリーヌ」である。

●――異邦人でもワイン同胞と認める

私が駐在員をして、パリにいた当時、三楽はカステジャ氏が経営するジョアンヌ社とボルドー・ワインの共同開発をしていたので、ワインの品質について、私はたびたび、相手の技術担当である次男のオリビエと議論をしていた。そんなある日、出張のため滞在していたブルガリアの私のホテルにカステジャ氏から電話が入った。用件は共同開発商品の生産を開始し、新しく作成したラベルを貼りはじめたが、ラベルにシワができて、どうもうまく貼れない。この商品は日本で新発売する日に合わせて、フランスでの船積み予定を決めてあるので、至急ボルドーに来て、生産に立ち会ってほしいという依頼であった。ブルガリアの仕事をかたづけて、すぐに戻るとしても、到着は金曜日の夜になると私が答えると、土曜日にラベルの改良について打合せをしたいので、金曜日の夜中にボルドーのホテルに入ってくれと言う。

さて、土曜日の朝、ボルドー郊外のワイン瓶詰包装工場に駆けつけると、休日にもかかわらず、瓶詰包装ラインに従事する社員を全員、待機させているではないか。休日を大切にするフランス人が出勤していたのには、びっくりした。と同時にフランス人はあまり働かないという私の固定観念は変わった。こうして土曜出勤のお陰で、日仏の協力によりラベルのシワは改良でき、日本での新発売の期日にも間に合わせることができた。

この共同開発商品は中身のワインの品質判定から包装資材の選定に至るまで、ジョアンヌ社では私の技術知識を認めてくれていたのであろう。ラベルのシワの改良程度のことはフランス人の技術コンサルタントでも解決がつくのだろうが、外国人である私にわざわざ助言を求めたのだ。この体験により私のなかにあった、フランスが世界の中心であるとする中華思想の強いフランス人のイメージは変わった。良い品質のワインを発掘し日本へ輸入するためには、ワインの専門知識をとおして、相手から信頼され、ワインの同胞として認められることが必要なんだとつくづく思った。

5 ＊フランスワインは国内コンクールで競う

●——審査員はすべて国家ワイン醸造士

フランスのワイン醸造士協会の一九八七年度総会がパリで行われることになり、

ヨーロッパ以外の新興ワイン産地のワインの利き酒が計画された。このとき、長年の友人でフランス財務省の不正抑制取締局に勤務するベルナール・ミシェル君から日本産のワインを提供してほしいとの依頼があった。そこで、私はこの依頼に応じて、日本的なワインとして、三楽の甲州種のシュール・リー法の辛口白ワインとマスカット・ベリーA種の熟成赤ワインを提供することにした。前者は日本古来のぶどう品種で、その昔ぶどうの原産地のコーカサス地方（現在のグルジア共和国）からシルクロードを通って中国に渡り、日本へは奈良時代に仏教とともに伝わったと言われている品種である。後者は昭和の初め、日本で交配された黒ぶどうであり、生食だけでなく醸造用に多く使用されている。参加者は、まず日本でワインが造られていること自体に驚いたようだった。もちろん品質についても高い評価がなされ、当日提供されたブラジル産や中国産ワイン以上の興味をひき、日本産ワイン・コーナーには人だかりができるほどであった。

これが縁で、私はワイン醸造士協会が主催するフランスワイン全国コンクールの審査員として参加することができた。フランスには全国規模のワイン・コンクールがいくつかあるが、そのうち歴史があるのがパリ農業見本市で行われる「全国ワイン・コンクール」と「マコン・グラン・ヴァン・コンクール」である。

他方、ワイン醸造士協会のワイン・コンクールは「ヴィナリー」と称され、歴史は他のコンクールほど古くはないが、審査員がすべて、エノログ・ナショナルと呼ばれるフランスの国家ワイン醸造士の資格を持った技術者である点が、他のコンクールと大きく違っている。フランス全国から参加した国家ワイン醸造士、百数十名の審査員の中に、ペルナン・ヴェルジュレス村（ブルゴーニュ、コート・ド・ボーヌ地区）で特級畑のコルトン・シャルルマーニュを造っているフィリップ・ドラシュ君がいた。ドラシュ君はディジョン大学の同級生でもあり、また、ボージョレのティエリー・アール君、ワイン分析センターを経営しているジェラール・クレインハン君もそうである。留学当時、国家ワイン醸造士の資格が取れる大学はボルドー大学、ディジョン大学、モンペリエ高等農業専門大学、ランス大学であり、これらの大学はすべてワイン産地にあった。私が留学したディジョン大学ワイン醸造学科には、ブルゴーニュ地方は当然のことながら、アルザス地方、コート・デュ・ローヌ地方、ジュラ地方のワイン醸造者の子弟も多く入学していたのだ。

「第五回ヴィナリー・ワイン・コンクール」（一九八六年）には約七百点の出品があり、その審査はパリ郊外の

ワイン・コンクール「ヴィナリー」の審査風景

オルセー大学内のレストラン・デ・パンで行われた。審査員は四、五名の小グループに分かれ、各グループで十数種のワインを利き酒審査していく。審査はワインの外観、香り、味わい、総合評価の項目にしたがって、利き酒する。審査員が技術者であるため、醸造法に欠点があるかないか、そのワインの原産地に相応《ふさわ》しいかどうかを含めて、厳しい目で審査が行われる。すべてのワインの審査が終わると、グループごとの審査員でワインの評価をして、グランプリ優等賞、優等賞を合議制で決めていく。審査は厳しく、グランプリ優等賞を獲得したワインは少数であった。

●———世界最大のワイン・コンクール

ブルゴーニュ地方のマコン市のグラン・ヴァン・コンクールは、毎年五月に行われる全国ワイン見本市の期間中に開催される。「第三十三回マコン・グラン・ヴァン・コンクール」が行われたのは一九八七年のことで、私にも、その開催通知とともに審査員登録用紙が送られてきた。会場のマコン郊外のダヴァイエ農業高校へ行くと、仮設の大きなテントが張ってあり、審査員として参加する人々で黒山の人だかりだった。審査員はワイン会社の技術者だけでなく、ワイン商などの流通関係者、ソムリエ、ワイン・ジャナーリスト、ワイン愛好家などあらゆる分野に及び、その数、数百人が受付の順番待ちをしていた。マコンのワイン・コンクールは出品点数一万点にもおよび、フランス最大のコンクールであるばかりでなく、「ギネスブック」にも登録されている世界最大のワイン利き酒会である。

千八百名にも達する審査員が四、五名の小グループに分かれて、二十種類ほどのワインを利き酒審査する。採点は視覚、嗅覚、味覚、総合の項目別に優、秀、良、適、可、不可の六評価の該当欄にマークする方法が取られ、これらを総合して合計点を計算し、金、銀、銅メダルを授与している。この年は九、六七一点の出品があり、メダル獲得数は金、銀、銅を合わせて三、一四七点に上り、出品ワインの三分の一がメダル受賞するという高率であった。

「マコン・グラン・ヴァン・コンクール」より古いのが、毎年三月にパリで開催される全国農業見本市に併せて行われる「パリ農業見本市ワイン・コンクール」であり、百年の歴史がある。このコンクールは各ワイン産地別の予備審査を通った四千七百点のワインを千二百人の審査員で審査し、金、銀、銅賞を決定する。メダルの総数は一、八三九点となり、メダルの獲得率はマコン・コンクールとほぼ同じである。

「マコン・グラン・ヴァン・コンクール」も「パリ農業見本市ワイン・コンクール」もフランス国内産ワインを対象としている。有名シャトーのようにすでに評価のあるワインは別として、受賞ワインはラベルにメダルを印刷し、コンクール受賞をPRして販売している製造者が多い。

●——フランスの国際ワイン・コンクール

フランスではそれまで国際ワイン・コンクールは行われたことはなかったが、一九八一年以来、隔年に開催されるボルドーの国際ワイン見本市「ヴィネクスポ」の機会に、「国際ワイン・チャレンジ」が唯一行われるようになった。この国際コンクールは歴史も浅く、当初はヴィネクスポに展示ブースを出展する海外ワイン生産者のみに参加資格があった。最近ではそれ以外の海外のワイン生産者も自由に出品できるようになっている。私が所属するメルシャンは一九九〇年に三楽から社名を変えたが、一九九七年にシャトーメルシャン「＊城《じょう》の平《ひら》カベルネ・ソーヴィニヨン一九九〇年」を出品して、日本産ワインとしてはじめて金賞を受賞した。このワインは、大塚謙一常務（当時）の発案で、ボルドーの高級赤ワインの品種カベルネ・ソーヴィニヨンの苗木をフランスから輸入し、メルシャンの自家農園でフランスと同じ垣根方式で栽培したぶどうから醸造したものである。従来、日本のぶどう栽培は棚式栽培が主であり、垣根方式のぶどう栽培は当時、まだ本格的に行われていなかった。そこで、私の留学時代の資料をもとに一九八四年にこの方式の栽培を開始したのである。私はその翌年、パリに赴任した。パリ駐在を終えてメルシャン勝沼ワイナリーの工場長に就任した一九九〇年には、苗木を植えてから六年が経過しており、この年のぶどうではじめて醸造したため、このワインには特別の思いがあった。

フランスでの国際ワイン・コンクールは歴史が浅いが、国際ワインの消費、取引の先進地であるイギリスでは早くから国際ワイン・コンクールが行われていた。「ロン

＊ 城の平カベルネ・ソーヴィニヨン
(Jonohira Cabernet Sauvignon)
メルシャンの勝沼の自家農園「城の平」で垣根栽培されたカベルネ・ソーヴィニヨン種から醸造したワイン。ボルドーの「国際ワイン・チャレンジ」など数々の国際ワイン・コンクールで金賞を受賞しており、国産最高級赤ワインとして評価されている。

ドン国際ワイン・スピリッツ・コンクール」や「ロンドン国際ワイン・チャレンジ」がそれである。また、カナダのケベック州で販売される世界のワインを対象とした「モントリオール国際ワイン・コンクール」も有名である。最近では「ロンドン国際ワイン・チャレンジ」の日本版である「ジャパン・インターナショナル・ワイン・チャレンジ」が一九九八年から東京で開催されている。

フランスのようにワイン生産の先進国で国際コンクールが最近までほとんど無く、歴史が新しいのは、国際コンクールによって自国産のワインの良さをわざわざアピールしなくても、長い歴史の中で消費者の評価を得ているからである。

●——リュブリアーナ国際ワイン・コンクール

一方、ワイン生産国として知名度の低い国は、自国のワインが国際レベルに比較してどの位置にあるかを知るために、国際ワイン・コンクールを早くから行っている。このような国がスロベニア（旧ユーゴスラヴィア）、ブルガリア、ハンガリーなどである。特にスロベニアの「リュブリアーナ国際ワイン・コンクール」は四十年以上の歴史のある国際ワイン・コンクールである。

リュブリアーナのコンクールはフランスの国内ワイン・コンクールと異なって、審査員は厳選された少人数で、各国からワイン製造技術者やワイン研究所の代表者が招《しょう》聘《へい》される。日本産ワインも早くからこのコンクールに出品していたため、二十年くらい前から日本のワイン技術者も審査員として参加していた。一九八七年のコンクールには、パリ事務所長をしていた私にも審査員として招聘があった。審査員はフランス、ドイツ、イタリア、ポルトガル、アメリカ、オランダ、オーストリア、ハンガリー、チェコスロバキア（当時）、ルーマニア、日本、それに地元ユーゴスラヴィア（当時）を加えた十二か国で構成された二十七人である。審査員は九人ずつ第一、第二、第三の委員会に分かれ、各委員会とも一日に五十点から六十点のワインを一週間にわたって審査していく。フランスのワイン・コンクールでは小グループに分けられた審査員が割り当てられた一部のワインだけを審査するのに対し、リュブリアーナでは同じ審査員で出品されたすべてのワインを審査して、より客観的に判定していく。審査はワインを視覚、嗅覚、味覚、総合評価の点で利き酒判定して、採点表の優、秀、良、可、不可の欄にマークをして減点法で集計する。さらに各グループの九人の審査員のうち、最高点と最低点は削除して、残り七人の審査員の平均点で大金、金、銀メダルを決定する。この年は二十一か国から千点以上のワインが出品され、約半数のワインがメダルを受賞した。他のコンクールに比べ、メダル受賞率が高いため、最近では審査をより厳しくして、メダルの受賞率を三分の一程度に抑えている。

私は第三委員会のワイン審査を担当し、このグループに日本産のワインも含まれていたのが、審査が終わってから分かった。三楽から出品した「シャトー・メルシャン*（赤）一九八三年」と「シャトー・メルシャン・スーペリュール（赤）一九八三年」

＊ シャトー・メルシャン (Château Mercian)

メルシャン勝沼ワイナリーで製造される国産ワイン。一九七一年から発売されている国産ワインを代表するワインで、赤、白ワインがある。シャトー・メルシャン・スーペリュールは格上である。

が大金メダルを受賞し、日本産のワインの品質を大きくアピールすることができた。

ほかのコンクールと同じように、大金、金、銀メダル（他のコンクールの場合は金、銀、銅メダル）はオリンピックのように種目ごとに一つずつではなく、金メダルであっても数点あり、銅メダルにいたっては数百点にのぼっている。

その後、シャトー・メルシャンの「＊信州桔梗《ききょう》ヶ原メルロー」が一九八五年、一九八六年の二ヴィンテージ（収穫年号）が連続して、大金メダルを獲得し、以後毎年のように金メダルを受賞している。さらに社名をメルシャンに変更してからも、一九九五年には「城の平カベルネ・ソーヴィニヨン」が、一九九七年には「＊北信シャルドネ」が金メダルを獲得している。日本の風土で育てた高貴品種と呼ばれる醸造専用品種のカベルネ・ソーヴィニヨン、メルロー、シャルドネから造ったワインが国際水準に照らしても、高い品質のものと評価されたのである。

＊信州桔梗ヶ原メルロー
(Shinshu Kikyogahara Merlot)
メルシャンが長野県塩尻市桔梗ヶ原地区で契約栽培をしているメルロー種から醸造したワイン。一九八九、一九九〇年のリュブリアーナ国際ワインコンクールで連続して大金賞を受賞してから、国産最高級赤ワインの評価が高まっている。

＊北信シャルドネ
(Hokushin Chardonnay)
メルシャンが長野県北部の豊野町と高山村で契約栽培をしているシャルドネ種から醸造したワイン。一九九九年の「ジャパン・インターナショナル・ワイン・チャレンジ」（国際ワイン・コンクール）でベスト・シャルドネ賞を受賞し、海外のシャルドネを含めてナンバーワンになった。

ワインの基礎知識④ ヴィンテージ

ぶどうは漿果《しょうか》と呼ばれる水分を多く含んだ果物のため遠くへ輸送ができないので、ぶどうの収穫地でワインが造られる。このためワイン産地はぶどう栽培地になり、それぞれの産地の気候に合ったぶどうが栽培される。たとえばボルドーではカベルネ・ソーヴィニヨンやメルローが、ブルゴーニュではピノ・ノワールやシャルドネの品種が適している。さらに同じ産地であっても、年ごとの気候の変化によりぶどうの品質が異なり、出来上がるワインにも品質の差が出てくる。このため一般に、ワインにはぶどうの収穫年がラベルに表示される。この収穫年を「ヴィンテージ」（フランス語でミレジム）という。

ヴィンテージの差は、気候的に恵まれた産地より気候の厳しい産地のほうが大きく、ワインの年ごとの品質の差が大きくなる。ヴィンテージ・ワインとは出来の良い年のワインをいうのであって、ラベルに年号が入っているすべてのワインがヴィンテージ・ワインではない。これは単なる収穫年の証明に過ぎない。出来の良いワインを選ぶには、ぶどうのヴィンテージ（収穫年）から良い年を読み取る必要があり、そのために、ヴィンテージ・チャートと呼ばれるワイン評価表がある。

また、古く熟成したワインを「ヴィンテージ物」と呼ぶが、これもワインは古ければ古いほど良いということではない。出来の悪い収穫年のワインは速く熟成するが、長熟しないワインである。このようなワインは、古い年号であれば逆に品質が劣化している。一方、出来の良い収穫年のワインは熟成は遅いが、頂点に達した品質が長く持続する。すなわち「ヴィンテージ物」とは、出来のよい収穫年（ヴィンテージ）のワインが二十年、三十年も熟成が持続しているワインのことを言っている。

過去において、特に秀逸な年といわれている年は、一九二一年、一九二八年、一九二九年、一九四五年、一九四七年、一九四九年、一九五五年、一九五九年、一九六一年がある。

フランスワインのヴィンテージ・チャート

	ボルドー赤	ボルドー白・ドライ	ブルゴーニュ赤	ブルゴーニュ白	ローヌ	アルザス	ロワール白・ドライ
1980	●●	●●	●●●	●●●	●●●		
1981	●●●	●●●	●●	●●	●●●	●●●●	
1982	★	●●●	●●	●●●	●●●	●●●	
1983	●●●	●●●●	●●●	●●●	●●●●	★	
1984	●	●	●	●	●	●●	
1985	●●●●	●●●●	●●●●	●●●●	★	★	
1986	★	●●●	●●●	●●●●	●●●	●●	
1987	●●	●●●	●●●	●●●	●	●●●	
1988	●●●●	●●●	★	●●●●	●●●●	★	
1989	●●●●	●●●●	●●●●	★	●●●●	★	
1990	★	●●●●	★	●●●●	★	★	
1991	●●	●●●	●●●	●●●	●●	●●●	●
1992	●●	●●●	●●●	●●●	●	●●●	●
1993	●●●	●●●	●●●●	●●●	●	●●●	●●
1994	●●●	●●●	●●●	●●●	●●	●●●	●●
1995	●●●●	●●●	●●●●	●●●	●●●●	●●●	●●●
1996	●●●●	●●●	●●●●	●●●	●●●	●●●	★
1997	●●●	●●●	●●●●	●●●●	●●●●	★	★
1998	●●●●	●●●	●●●●	●●●●	●●●●	●●●	●●●
1999	●●●●	●●●●	●●●●	●●●●	★	●●●	●●●●

★特によい　●●●●たいへん良い　●●●良い　●●普通　●悪い

❸

ワインとの正しい付き合い方

1 ＊レストランの予約、良い席は女性同伴で

●――レストランにワインの持ち込み

パリ駐在員には日本からやって来るお客さんのいろいろな要望が入ってくる。そのなかには、パリ到着日近くなって、人気三つ星レストランの「ジャマンを予約してくれ」とか、ワイン研修旅行の打ち上げに「三十人の団体だが、パリの星付きレストランで食事をしたい」とかいう注文に混じって、なかには「当社関係のワインがある星付き有名レストランで関係先を接待したい、サーヴィスされてなければワイン持ち込みを交渉してくれ」など、いかにも日本的な要望もあった。

ある時、日本からの酒類業界組合の欧州視察団一行がパリに立ち寄ることになった。そのおり、本社から「著名レストランにご招待し、わが社がボルドーに所有するシャトー・レイソンをサーヴィスするように」という指示を受けた。

当時はまだ、ボルドーの特級格付け銘柄の次のクラスのクリュ・ブルジョワ級の「シャトー・レイソン」は、パリの有名レストランではどこも使用していなかった。日本では業界関係者が自社のワインをレストランに持ち込むことはよくあるが、パリ

のレストランではワインの品揃えには、その店の格式があり、プライドがあるため、ワインの持ち込みは大変失礼なことである。持ち込みの話をすることすら、不謹慎なことは充分承知しているが、本社からの指示とあっては是非もない。どこかワインの持ち込みのできるレストランを探さなければならない。三つ星、二つ星の格式の高いレストランでは「この日本人、気が狂ったか」と思われるだろうし、無名のレストランでは招待の食事そのものが見劣りしてしまう。

悩んでいたそんな時、ふと、一つ星のレストランの「ラマゼール」を思い出した。先日、パリの高級食材と古酒専門の店を経営するデュボア氏に連れて行ってもらった、フォアグラで評判のレストランである。そのおり、店の主人が食事の後、大きなトリュフの塊を見せてくれ、この世界三大珍味の食材の品質を説明してくれたことに、私は親近感を抱いていた。早速、「ラマゼール」に一人で食事に行き、食事が終わってから事情を話し、「わが社がボルドーに所有しているシャトー・レイソンの持ち込みが可能でしょうか」と恐る恐るたずねた。主人は前回、私がデュボア氏と来たことも覚えてくれており、ワインを持ち込むことを了解してくれた。主人にテイスティングのためシャトー・レイソンを一本預けて、日本からの視察団の食事の予約をした。

会食の数日前にワインを届けて、当日は日本からの視察団十名ほどの夕食に、アペリチフと白ワインは、当然レストランのものを選び、赤ワインはワイン・リストにはないシャトー・レイソンをサーヴィスしてもらった。ワインの品質には充分自信をもっていたので、和やかな雰囲気のなか、「ラマゼール」の美味しい料理を食べてもらうことができた。

●――三つ星レストランの予約は三週間前に

パリの三つ星レストランの予約は三週間くらい前でないと、なかなか取れない。超人気の料理人ロビュションの店、「ジャマン」にいたっては、「申し訳ありませんが、ディネ（夕食）は三か月先までコンプレ（満席）です」と言われてしまう。日本からの出張者の予定はせいぜい一、二週間前に決まるので、それから申し込んだのでは、「ジャマン」の予約はいつも間に合わない。そして、そのたびに断られれば、ますます一度は食べてみたいと思うのが人情である。もっとも、昼食は予約しやすいと言うので、私たちの結婚記念日に行ってみようと思い、二、三週間前から電話してみるが、やはり満杯である。いよいよ結婚記念日当日になり、当日のキャンセルがあるかもしれないと、かすかに期待をもちながら、女房と直接「ジャマン」に行ってみたが、それでも駄目であった。そこで、「ジャマン」と同じ十六区のロンシャン通りに二つ星の「フォージュロン」があるのを知っていたので、飛びこみで行ってみたところ、運良く二席空いていた。

このレストランは、ソムリエのジャンボン氏が一九八六年の世界ソムリエ・コンクールで世界一になっているので、一度は食事をしてみたいと思っていたレストランでもあった。私が日本のワイン技術者であると分かると、ジャンボン氏が甲州種のワインについて質問をしてきた。意外にも、日本の甲州ワインについて知っていたのにびっくりしたが、世界一になるほどのソムリエであれば、日本のワインも勉強していたのであろう。しかし、ジャンボン氏のようなフランスの有名なソムリエでも、当時はまだ日本の甲州種のワインを飲んだことがなく、書物の上で知っているのみであった。

ジャンボン氏には、それから十年近く経って、一九九六年秋に第一回全日本ソムリエ・コンクールの審査員として来日した時、再会した。私も同じ審査員として二日間、行動をともにしたので、より親しくなり、「今度、パリに来る時は是非フォージュロンに寄ってくれ」と言って帰国した。ちょうどその数か月後に出張でパリに行く機会があり、フランス財務省のワイン担当のミッシェル君夫妻を招待するため、「フォージュロン」を再訪した。ワインはジャンボン氏が選んで勧めてくれた。スペシャリテ(特別料理)のトリュフ入りの茹《ゆ》で玉子とフォアグラには「このソーテルヌがよい」とか、子羊料理のジゴ・ダニオーには「ローヌの素晴しいワインがある。この南ローヌ地区のジゴンダス*九〇年を飲んでみてくれ」と言う。ボトルを開栓してデカンタージュをしている間に、サンテステフ村(ボルドー、メドック地区)の特級格付け銘柄の*「シャトー・カロン・セギュール」をグラスでサーヴィスしてくれる。彼が勧めるだけあって、ネゴシアン詰め(桶買い)でない、このドメーヌ物(醸造場元詰め)の「ジ

＊ ジゴンダス(Gigondas)
コート・デュ・ローヌ地方南部のワイン産地AOC名。赤、ロゼワインがある。

＊ シャトー・カロン・セギュール(Château Calon-Ségur)
ボルドー地方、メドック地区の一八五五年グラン・クリュ・クラッセ(特級格付け銘柄)第三級に格付けされているサンテステフ村のシャトー。

ゴンダス」は「色は濃赤色で黒胡椒《こしょう》の香りの熟成香があり、タンニンは強すぎず、ボディは膨らみのある重厚な素晴しいワイン」であった。ジャンボン氏のような一流のソムリエは銘醸地のワインだけでなく、新しい産地であっても、この「ジゴンダス」のように良いワインは良いものとして選択し、サーヴィスしているのだ。

最後に勘定書をみると「ワインはジャンボン氏からの提供です」と書いてあり、二つ星レストラン、「フォージュロン」でのワイン代をただにしてもらった。

●——急な予約はサロンの外の席

ブルゴーニュ地方の南部、マコン市の郊外の提携先に「ボージョレ・ヌヴォー」*の製造の打合せのため出張していた時のことである。前々から、マコンから遠くないヴォナという村に三つ星レストランの「ジョルジュ・ブラン」があるのを知っていた。その日は一日中マコンで過ごすことになったので、それならば、少し足をのばして、この「ジョルジュ・ブラン」に泊まって食事をしてみたいと思った。地方のレストランの場合、オーベルジュと呼ばれるホテルと一緒になっており、泊まり客のほうがレストランの予約が取りやすいことを知っていたので、提携先から予約を入れたら、当日にもかかわらず運よく予約が取れた。

仕事を終えてレンタカーでマコンから二十キロほど東のヴォナへ行くと、思っていたよりずっと小さな村で、きれいな小川のほとりに「ジョルジュ・ブラン」はあった。

＊ ボージョレ・ヌヴォー (Beaujolais Nouveau)
その年に収穫したぶどうから造ったワインを十一月の第三木曜日から発売するボージョレ地区の新酒。ボージョレ・プリムールとも呼ばれ、時差の関係で日本では、フランスより早く飲めることで、人気が出ている。

早速、オーベルジュの部屋に荷物を置き、シャワーを浴びてから下のレストランに下りた。予約してある旨と名前を告げると、サロンの外側に急遽セッティングしてあるテーブルに案内された。これには驚いた。内装のきれいなレストランのサロンでなく、アペリチフを飲んだり、お客が揃うまで待ち合わせに使う部屋のようなのである。当日の急な予約であるが、ここに泊まるというので、臨時に作ったテーブルであろう。もう一つテーブルがセッティングしてあり、私のような客がもう一組いるらしい。男一人の急な予約では仕方ないと諦めて、その席で食べることとした。もう一組の男の客はかなり遅い時間になってやって来て、メートル・ドテル（支配人）と何か話している。席が悪いと言っているのだろう。その頃の時間になると中が空いたらしく、サロンの中に入っていった。そうすると、外で食べているのは、私一人だけである。

メイン・ディッシュが終わった頃、レストランの名前にもなっている有名な料理人ジョルジュ・ブラン氏が「料理のお味はいかがでしたか」と挨拶《あいさつ》にやってきた。「大変おいしい料理でしたが、ちょっと寂しい食事です」と、私がサロンの外での食事の不満を含めて答えると、すぐにウェーターにフロマージュ（チーズ）はサロンの中で食べてもらうよう指示した。やっと、本来のテーブルでフロマージュ、デザート、カッフェ、ディジェスティフ（食後酒）をとることができたが、メイン・ディッシュまでは臨時のテーブルだったので、三つ星レストランでありながら、いま一つ満足できない食事であった。

●——良い席は女性同伴で

私がパリに赴任した一九八五年頃、レストランを予約するのに英語を使うとアメリカからの旅行者と思われ、断られるという話をよく聞いた。本当か嘘《うそ》かは知らないが、アメリカの旅行者は高級レストランでも、ワインでなくコーラやミネラル・ウォーターだけを注文するので、「水を飲むのはカエルかアメリカ人だ」とフランス人は冷やかしていた。また、われわれ、日本人の駐在員がフランス語で予約しても、カップルになっていないと、すぐに男だけの出張者と分かるらしい。このような場合、当日レストランに行くと、たいてい入口に近い端っこの席である。良いレストランほど男女一組の二席か、二組の四席が多く、女性は最大にお洒落《しゃれ》をしてやってきている。店内はいかにも華やいだ気分になる。それにひきかえ、黒っぽいスーツを着た東洋人がレストランの中心に陣取ると、雰囲気を壊してしまうからか、いつも端っこの席になっている。

出張者にもたまには、女性も混じっていることがあり、こんな時は、要求すれば、奥の席に変えてくれることもある。せっかく良い席に変えてくれたのだから、たとえ女房でも、この時は女性を上座《かみざ》に座らさなければならない。二つ星、三つ星レストランになると、ホストにだけ値段の入ったメニューを渡し、その他の人には遠慮なしに料理が選べるように値段の入っていないメニューを渡すところが多い。女性客が目の飛び出るような値段の料理を選ぶのをホストは内心ひやひやしながらメニューで確認し、さらにその料理に相応《ふさわ》しい上等のワインを奮発するはめになることもある。それでもパリの高級レストランで食事をするなら、女性同伴に限る。

2 ＊ワインの品定めは男の役目、ホスト・テイスティング

●――テイスティングは音をたてずに

本社からの出張者が三つ星レストランで食事をしたいとパリ到着日に言い出した。このような高級レストランは二、三週間前でないと、なかなか予約が取れないことは、前にも記したが、この時は運良く八区のマドレーヌ広場の三つ星レストラン、「ルキャ・カルトン」に当日予約がとれた。そこで出張者二人と私を加えた男だけで夕食に出かけた。男三人の当日の予約でもあり、予期したとおり良い席ではなかったが文句は言えない。

まず、アペリチフとして、カシス（黒すぐり）のリキュールを白ワインの代わりにシャンパーニュに混ぜた「キール・ロワイヤル＊」をとり、これを飲みながら料理を決めた。ワイン名は何か忘れたが、上等の銘柄、白と赤を選択した。その日は私がホス

＊キール・ロワイヤル（Kir Royal）
食前酒の名前。カシス（黒すぐり）から造ったリキュール「クレーム・ド・カシス」と白ワインを混ぜた食前酒を普及させたディジョンのキール市長に因んで「キール」と呼ばれている。白ワインの代わりにシャンパーニュを使用したものが「キール・ロワイヤル」である。

トだったため、グラスに少し注がれたワインをテイスティングして、オッケーの合図をした。ソムリエはその夜の招待客のグラスにワインを注いで回って、最後に私のグラスに注ぎ足した。

出張者の一人は、私の後輩でもあるワイン技術者であった。彼はワインの色を見て、香りを嗅《か》いで、口に含み、突然、唇をすぼめて空気を吸い込みながらズーズーと音を出し始めた。私はあわてて、彼に音を出さないように小声で注意した。このような高級三つ星レストランでの食事は、いわばハレの日の食事である。私たちの回りのテーブルを囲んでいるフランス人にとっては年に一回あるかないかの食事かもしれないし、ある人は何年ぶりかの記念すべき日の食事かもしれないのだ。フランス人は食事をとる時、音を出すのをことさら嫌い、スープを飲むにも音をたてないように小さい時から躾《しつ》けられている。客はレストランに料理だけでなく雰囲気も楽しみにきているのであり、近くのテーブルからズーズーと音が聞こえてくると、優雅な雰囲気が台無しである。

私も口をすぼめて空気を吸いながらズーズーと音を出して、口の中で空気とともに鼻に抜ける香りを利き分けることがある。しかし、それはあくまでワイン産地を訪問し、醸造場のカーヴでの樽からの利き酒や、買い付けワインを選択する利き酒室で品質鑑定をする場合である。レストランや家庭に招待された時は絶対に音は出さないようにしている。レストランでホスト・テイスティングの時にズーズーと音を出すのはワイン技術者に多く、ソムリエからはレストランの雰囲気を知らない専門馬鹿と思われているに違いない。

●――ソムリエが緊張する

日本のトップ食品会社で海外担当の常務さんを、ブルゴーニュ地方の中心地ボーヌへ案内する機会があり、この町では数少ない一つ星レストランの「エルミタージュ・ド・コルトン」で食事をしたことがあった。その時、私がワインに詳しいというので、その日のホスト・テイスティングをすることになった。

ソムリエが斜め右後ろから前に差し出したボトルのラベルを確認し、グラスに少し注がれたワインを鑑定するため、グラスを右手で持ち上げ、少し斜めにして、まず色と透明度を確認する。グラスを回さずにそのまま静かに鼻に近づけて香りを嗅ぎ、次にグラスをテーブルに置き、グラスの足を人差し指と中指の間にはさみ、テーブルの上でゆっくりとグラスを回して空気に触れて立ち上がるワインの香りをグラスを持ち上げて、さらに嗅ぐ。グラスを回す時、手に持ってもよいが、動作が大袈裟《おおげさ》になるので、私はテーブルにグラスを置いて回すことにしてい

ワインのテイスティング

る。このような方法は初心者であっても、ワインをこぼす危険がなく、お薦めである。最後に味の鑑定をする。静かにひと口、口に含み、ワインを嚙むようにして、舌の上の全体にワインをころがせて、甘味、酸味、苦味を利き分けると同時にワインの調和をみて、ゆっくりと呑み込む。ワインに欠点がないことを確認すると、ボトルを私のほうに向けて持っているソムリエの目を見て、うなずいてオッケーの合図をする。

食事が始まると、同席された常務さんが「あんなに緊張したソムリエの表情を見たことがない。ソムリエは客の振る舞いでワインを知っているかどうか分かるもんだね」とその場の雰囲気を教えてくれた。私はワインの鑑定に集中していたので、ソムリエの顔を見なかったが、よほど固くなっていたのであろう。その日同席していたこの会社のパリ事務所長も、パリの星付きレストランでホスト・テイスティングをする機会が頻繁《ひんぱん》にあり、ボーヌのレストランで私がしたテイスティングのやり方をしているが、なかなかソムリエを緊張させるところまではいかないと言う。

●──ワインの選択、準備、サーヴィスは主人の役目

フランスの家庭に招待された時はいろいろな事が体験できる。料理を食べたあとの唇の跡や口紅をワイングラスに残さないように、ワインを飲む前に必ずセルヴィエット（ナプキン）で唇を拭《ふ》く。また、サラダを食べるときはナイフを使わずに、フォークとパンのかけらで野菜をまるめて食べているが、これは、フランスでは、ヴィネ

ガーの酸で銀製のナイフを傷《いた》めないための昔からのマナーだと聞いた。さらに、子供は食事に同席しない。食事の時は会食者が会話を楽しむので、子供は会話の邪魔になったり、話題についていけないからである。

メルシャンのブルゴーニュ・ワインの提携会社のビショー社長宅に、最初に招待された時は、成人になっている長女は食事をいっしょにしたが、社長のご子息はまだ高校生で、食事には同席させてもらえず、ワインのサーヴィスをして回っていた。料理は主婦の担当で、ワインの選択、準備、サーヴィスは主人の役目である。ビショー家でも来客のあるときは、息子にワインの準備、サーヴィスを手伝わせて、ワイン・マナーの教育をしていたものと思われる。後に再び訪問したときは、長男アルベリックも次男クリストフも成人になっていて、父親のワイン会社で仕事をしており、食事をいっしょにすることができた。

フランスでは友人を家庭へよく招待している。住居も広いので、普通でも二組、三組の夫婦が招待される。まず居間でアペリチフがサーヴィスされ、お互いの近況を話したり、はじめての人がいると招待側の夫婦がお互いを紹介してくれる。ピーナッツやカナッペのような軽いものをつまみに、シェリー酒、ポートワイン、ベルモットなどから好みの飲み物を注いでもらって飲む。この時、シャンパーニュがアペリチフとして出されたら、「今夜はお客を最大に歓迎し、腕によりをかけた手料理でおもてなしをする」ということのようである。シャンパーニュでなくても、同じ製法で造ったクレマンと呼ばれるスパークリング・ワインであっても同じことである。

食事の準備ができると食堂へ移動し、招待側の主人は招待した夫婦の奥さんの席をまずテーブルの中央に決めて、男、女が交互になるように招待者に椅子を勧める。全員が着席すると、その家の主人、すなわちホストはワインのサーヴィスを始める。まず、自分のグラスに少量のワインを注いで、ホスト・テイスティングをする。ワインはあらかじめ、その日の料理に合わせて主人が選択をしている。必要な場合は開栓をして、ボトルから別のクリスタル製の容器に移して、ワインを空気に触れさせて香りを引き立たせるため、デカンタージュをしておく。ホスト・テイスティングはまさしく招待側の主人、ホストがその日にサーヴィスするワインが料理に相応《ふさわ》しいか、ワインが痛んでいないか、ワインの温度は適温か、などを鑑定する利き酒である。食事が進み、同席者のグラスの中のワインが少なくなれば、ワインをサーヴィスして回り、ゲストが楽しく食事できるように気配りをしている。日本のように女性がお酌したり、お客が手酌することはない。

●――――ワインの温度の判定もホストの役目

ホスト・テイスティングは文字通り男の役目である。レストランでも男女のカップルの場合は、男がテイスティングをする。男女別のグループの場合は招待をした人、すなわち勘定を払う人がホスト・テイスティングをする。ソムリエは誰がホストか見分けるのに、テーブルの末席に座っている人と考え、この人にホスト・テイスティングを勧める。女性だけのグループで割り勘で食事をする時、ホスト・テイスティングが苦手な人は、テーブルの中で入口に近い席に座らないことである。

ホスト・テイスティングは恰好《かっこう》をつけた儀式でもなければ、毒味でもない。ワインは瓶に詰めてコルク栓をして、長い間熟成をさせる。天然の素材のコルク栓はすべて材質が均一でなく、コルク栓ごとに微妙な差があるため、ワインを長く熟成させていく間にワインの質もボトルによって差が出てくる。まして十五年、二十年と非常に長く熟成させた場合、ボトルによって味が劣化していることも稀《まれ》にある。このため、ホストはサーヴィスするワインが正常かどうか、その日の食事に相応しい熟成をしているかどうかを判定するための利き酒をするのだ。

私がパリ駐在員として滞在していた五年間に、何十回もホスト・テイスティングをしたが、決定的な品質の異常は少なく、レストランでワインを交換してもらったのは、コルク臭の付いた場合がほとんどであった。たまにワインの異常があっても、酸化しているから交換してくれと鬼の首を取ったように言うことは避けて、ソムリエに「このワイン、少しおかしいと思うが、あなたの意見はどうですか」と聞いてみた。すると、たいていソムリエは静かにワインをテイスティングして、黙ってボトルを下げて新しいボトルをもってきてくれた。

また、ホスト・テイスティングでは、ワインの温度にも気をつかう。白ワインの場合、ワイン・クーラーで冷やすが、急な場合、最初にグラスに注がれるワインは瓶の上部にあたるため、氷水に浸かっていないので、白ワインの温度としては高すぎることがある。そんな時は、ソムリエに、もうすこし冷やすように依頼することはよくあった。ホストの役目はワインの品質だけでなく、温度の判定も招待客においしく飲んでもらうために重要である。

3 ＊ 新酒の先物買いは儲かる

●――ワインの先物取引、プリムール

ボルドーの高級シャトーの赤ワインは、約二年間樽熟成させた後、瓶詰めをする。このワインはまだ若いワインであるが、瓶詰めが終わると醸造場であるシャトーからネゴシアンに販売される。ネゴシアンは自社の貯蔵庫でさらに瓶熟成《びんじゅくせい》をさせていきながら、この間にワインの市場価格が上がるのを待って、ワイン専門店やレストランに販売される。しかし、この時点でもワインはまだ熟成しておらず、このクラスのワインが飲み頃になるには十年、十五年を要する。フランスでは飲み頃になるまでのワインの保管は消費者やレストランなどのワイン購入者が行う。

ワインはぶどうの品質と量がその年の天候に左右される農産物とみられており、豊凶により価格に変動がある。また、数量が限定されているため、市場で人気の出たワインは、消費者の手元に渡る頃には価格が高騰している。このため、ボルドーのワイン取引にプリムール買いというワインの先物《さきもの》取引が生まれてきた。

プリムール買いというのは、ボージョレのヌヴォー（新酒）を表すプリムール（初物）ではなく、ボルドーではシャトーでまだ樽で熟成中のワインを先物買いすることである。この取引を「プリムール」と呼ぶ。プリムール売りは収穫の翌年の四月頃に第一回、夏に第二回の価格が決まる。その後、収穫一年半後か二年後にワインを瓶詰めし、この時に実際の販売価格が決まり、言い換えれば第三回目の価格になり、市場の人気によりワインの価格が上がっていく。ボルドーの有名シャトーは生産量の三分の一ないし四分の一ずつ、プリムール売りをして、残りは通常の販売まで、すなわち瓶詰後まで残す。プリムール買いされたワインはシャトーの中にある樽でさらに熟成させ、瓶詰めしてから買い手に引き取られる。したがってワインが手に入るのは約二年先になる。シャトーはこの間の金利が儲《もう》かると同時に、小出しで売ることにより、売れ残りを少なくすることができる。買い手はワイン代を先払いしなければならないが、有名シャトーや、ワインの当たり年の場合は、そのワインが市場に出る二、三年後には、価格が上がっていることが多いので儲かることになる。

一九八〇年代後半はグラン・クリュ・クラッセ（特級格付け銘柄）のシャトーのみ

でなく、一段下のクリュ・ブルジョワ級のシャトーもプリムール売りがワイン業界内で盛んであった。特にボルドーのプルミエ・グラン・クリュ（特級格付け銘柄第一級）のシャトーは人気が高く、毎年第一回目のシャトーの出し値のプリムール価格が幾らになるか、業界関係者は興味津々で、シャトーから発表される価格を待っている。一九八〇年代のワインの品質は八二年、八五年が「グラン・ダンネ（偉大な年）」と評価され、ワインの価格がプリムール購入価格の三、四倍に上昇していた。

●――八六年産プリムールは買い時

一九八七年夏は天候があまり良くなく、その年のボルドー・ワインの出来が心配されはじめた。その頃、八六年産の第二回目のプリムール価格が出はじめていた。八六年産のボルドーの出来は八五年産に続いて天候に恵まれ、「グラン・ダンネ（偉大な年）」と評価が高い。そこで私は、八七年産の出来が悪くなると、八六年産のボルドーの価格は将来上がると予測して、プリムール買いを決心した。ちょうどよいことに、その頃から、パリのワイン専門店「レ・ヴィユ・ヴァン・ド・フランス」や「ニコラ」がその年から個人向けにプリムール売りを始めていた。すでに第二回目の価格（ボトル一本当たり）であったり、当時、一八・六パーセントのＴＶＡ（付加価値税）が加算されたりして、思ったより高かったが、「シャトー・マルゴー」*と「シャトー・オーブリオン」を買うことに決めた。

＊シャトー・マルゴー
(Château Margaux)

ボルドー地方、メドックの一八五五年グラン・クリュ・クラッセ（特級格付け銘柄）の第一級に格付けされたシャトー。ネオ・クラッシク様式の美しい建物（シャトー）を擁し、最高級の赤ワインを造っている。

メドック地区のプルミエ・グラン・クリュ・クラッセ（特級格付け銘柄第一級）のなかで最近、最高の評価を得ている「シャトー・マルゴー」が三〇五フラン（約七、六〇〇円）、同じボルドーでも産地をかえて、グラーヴの最高の「シャトー・オーブリオン」が二九〇フラン（約七、二〇〇円）であった。中間クラスのシャトーをも考えて、メドックの特級格付け銘柄第五級でありながら評価が出はじめた「*シャトー・ランシュ・バージュ」が一二二フラン（約三、〇〇〇円）、私が昔から好きな特級格付け銘柄第三級の「*シャトー・ラ・ラギューヌ」が八〇フラン（約二、〇〇〇円）であったので、それを別の店から買うことにした。プリムール売りは十二本入りケースが最小単位だったので、それぞれ一ケースずつ買った。総額約二十四万円の代金を支払って、それぞれの店から預かり証をもらい、ワインの引き取り時期まで待つことにした。

　われわれ駐在員はいずれ帰国しなければならない。ワインの引き取り前に帰国することになったらどうしようかと心配もしたが、八九年春のワインの引き取り期日がきて、「シャトー・マルゴー」「シャトー・オーブリオン」「シャトー・ラ・ラギューヌ」のそれぞれのケースは受け取った。しかし、「シャトー・ランシュ・バージュ」だけが瓶詰め時期の遅れで、まだ届いていなかった。店の主人は遅れることを詫びて、「*シャトー・ブラネール・デュクリュ」（特級格付け銘柄第四級）八六年産を一本くれた。二か月後、最後の一箱も無事引き取り、アパートのカーヴで貯蔵を始めた。

＊シャトー・ランシュ・バージュ
（Château Lynch-Bages）

　ボルドー地方、メドックの一八五五年グラン・クリュ・クラッセ（特級格付け銘柄）第五級に格付けのポイヤック村にあるシャトー。近年、品質向上が目ざましく、第二級並みのシャトーに匹敵する品質と評価が高い。

＊シャトー・ラ・ラギューヌ
（Château La Lagune）

　ボルドー地方、メドックの一八五五年グラン・クリュ・クラッセ（特級格付け銘柄）。AOC産地はオー・メドックと格下にもかかわらず、第三級に格付けされているリュードン村にあるシャトー。

＊シャトー・ブラネール・デュクリュ
（Château Branaire-Ducru）

　ボルドー地方、メドック一八五五年グラン・クリュ・クラッセ（特級格付け銘柄）第四級のサンジュリアン村にあるシャトー。高級赤ワインを造る。

この頃、取引先のボルドーのネゴシアンに行くと、「シャトー・マルゴー八六年」は人気が高く、シャトーからの販売は完売し、ボルドーのネゴシアンの在庫も無くなっているという話を聞いた。私が「シャトー・マルゴー八六年」を一ケース購入したことを話すと、「それは良い買い物をしたね。将来高くなるぞ」と太鼓判を押してくれた。

●——「シャトー・マルゴー八六年」の価格が上昇

パリ駐在中、八六年産の「シャトー・マルゴー」を飲むには、まだ若すぎたので、九〇年に帰国する時に日本に持って帰り、田舎の床の下に保管しておいた。予測したとおり、ボルドーの八六年産赤ワインは、その後、品質評価も上がり、ヴィンテージ・チャート（収穫年別評価表）でも「アンネ・エクセプショネル（秀逸の年）」となって、価格が高騰していった。

それからほぼ十年後、九八年二月の情報によると、八六年産ワインはボルドーの古酒専門の一本当たりの輸出価格が「シャトー・マルゴー」二、〇〇〇フラン（約四〇、〇〇〇円）、「シャトー・オーブリオン」九七五フラン（約二〇、〇〇〇円）、「シャトー・ランシュ・バージュ」八〇〇フラン（約一六、〇〇〇円）、「シャトー・ラ・ラギューヌ」三五〇フラン（約七、〇〇〇円）、一本、サーヴィスでもらった「シャトー・ブラネール・デュクリュ」も二六〇フラン（約五、二〇〇円）になっていた。

シャトー・マルゴーのワインラベル

この価格はＴＶＡ（付加価値税）抜きの価格のため、これを加算して比較すると、「シャトー・マルゴー」が八倍、「シャトー・オーブリオン」が四倍、「シャトー・ランシュ・バージュ」が八倍、「シャトー・ラ・ラギューヌ」が五倍の上昇率である。このうち、「シャトー・マルゴー」が八倍も上昇しているのに、「シャトー・オーブリオン」は半分の四倍に止まっている。私はプリムール第二回目の価格で買ったのだが、当時の第一回目のシャトー出し値のプリムール価格はプルミエ・グラン・クリュ・クラッセ（特級格付け銘柄第一級）の五大シャトー（「ラフィット・ロートシルト」「マルゴー」「ラツール」「ムートン・ロートシルト」「オーブリオン」）はすべて同じであり、「マルゴー」も「オーブリオン」も一七〇フランであったはずである。しかし、人気シャトーによって大きく差が出てくるのが、生産量が限定されているワインの価格である。「シャトー・マルゴー」の買いは成功であったが、違う産地のものと思って買った「シャトー・オーブリオン」は思ったほど値段があがらなかった。もっとも代わりに「シャトー・ムートン・ロートシルト」を買っておけば、三、〇〇〇フラン（約六〇、〇〇〇円）になっており、十二倍にも値上がりしていたはずだった。「シャトー・ランシュ・バージュ」は五級格付けであるが、当時、実力は二級並と評価が上がり始めていた。予測したとおり市場の評価も良く、価格を上げていった。

その後、九〇年代前半は世界的経済不況と天候不順のためにプリムール市場は厳しい状況が続いたが、九六年産から再び活況を呈してきた。ボルドーのワイン市場が絶

シャトー・オー・ブリオンのワインラベル

好調の九八年には、九七年産のプリムール価格はボルドーのネゴシアンの第一回提示価格でみると、「シャトー・マルゴー」などのプルミエ・グラン・クリュ・クラッセ（特級格付け銘柄第一級）の五大シャトーが、実に六五〇フラン（約一三、〇〇〇円）の高値になっていた。「シャトー・ランシュ・バージュ」が二三二フラン（約四、六〇〇円）、「シャトー・ラ・ラギューヌ」が九〇フラン（約一、八〇〇円）。プリムール価格を見てみると、百五十年前の一八五五年にメドック地区のシャトーを第一級から第五級に格付けしたグラン・クリュ・クラッセ（特級格付け銘柄）の格付けとは違って、現在のワインの品質評価と市場の人気が価格に反映しているようなのである。評価が高くなると私が予測した「シャトー・ランシュ・バージュ」も評価が高くなり、特級格付け銘柄第二級格付けシャトー並みのプリムール価格である。

二〇〇〇年秋の最近の情報によると、ユーロネキスト（パリ、ブリュッセル、アムステルダムの三証券取引所で構成）が、世界的に高く評価されているボルドーのシャトー・ワインの先物取引市場を二〇〇一年から開設することになった。ワインでは世界で初めてであり、ワインのプリムール（先物取引）が先物商品として充分な取引が見込めると証券取引所が判断したためであろう。

●――飲むのは価格の安いシャトーから

人気シャトーの良いヴィンテージのプリムール買いをしたことで私は、その後の市

シャトー・ランシュ・バージュのワインラベル

場価格が上昇することを体験できたし、プリムール買いの目利きもできた。しかし、私の場合、個人的に一ケースずつ買っただけなので、市場価格が高騰しても、日本の酒税法の制約があるため転売することはできない。さらに、四つのシャトーのワインを同じ場所に保管していたが、「シャトー・マルゴー」の木箱だけシロアリのような虫に食われ、ぼろぼろになってしまった。木箱を開けて、中のボトルを見ると、ラベルまで食い尽くされて文字がまったく読めなくなっている。虫も「シャトー・マルゴー」が美味しいと知っていたのか不思議であるが、きっと、転売してぼろ儲けするなということでもあるのだろう。

それにしても私は自宅で、今、日本で買えば「シャトー・オーブリオン」が五万円、「シャトー・マルゴー」が十万円と思って、自己満足するだけのことであって、なかなか飲む機会がない。飲みはじめたのは八〇フラン（約二、〇〇〇円）で買って、今、一万円ほどになっている「シャトー・ラ・ラギューヌ」からであった。

シャトー・ラ・ラギューヌのワインラベル

4 ＊注ぎ足すワインがなければ、石ころを入れろ

●——シャポー・ド・マール（粕帽）は空気に触れさせるな

十二世紀頃、ブルゴーニュのシトー派の修道院によって開墾された五十ヘクタールのぶどう畑がある。石塀によって囲まれ、クロ・ド・ヴジョー＊と呼ばれて、ここから収穫されるぶどうで修道院のワインが造られて、修道僧の飲み物とされてきたのである。修道僧たちがワインを造るのに使った大型の木製の圧搾機《あっさくき》を備えたワイン醗酵室や貯蔵庫が原型で残っている。また、ルネッサンス期に増築したシャトー・クロ・ド・ヴジョーの大きな建物が現在も残っており、フランスの歴史的建造物に指定されている。このぶどう畑は長い間、教会所有であったが、フランス革命により国家に没収された後、分割されて民間に払い下げられたものである。そして今はシャトーの建物は「ワインの利き酒騎士団」というブルゴーニュ・ワインの普及促進団体に買い取られ、この団体の叙任式、晩餐会の会場として利用されている。

この由緒あるクロ・ド・ヴジョーのぶどう畑は、今でもコート・ド・ニュイ地区の特級畑として有名である。一九七七年のこと、このクロ・ド・ヴジョーの中にある醸

＊クロ・ド・ヴジョー（Clos de Vougeot）
ブルゴーニュ地方、コート・ド・ニュイ地区のAOC特級畑名。十二世紀頃、シトー派の修道院によって開墾されたぶどう畑であったが、フランス革命後、国の所有になり、その後民間に払い下げられ、現在では所有者の遺産分割により五〇haのぶどう畑は約八十人の所有者に分割されている。

造場シャトー・ド・ラ・ツールでワインの仕込み研修をした時のことである。仕込み木桶の置いてある醗酵室「キュヴリィ」の入口が扉で仕切ってあり、中は醗酵によって、発生する炭酸ガスで息苦しいほどであった。私はキュヴリィの中が酸欠状態なので、扉を開けっぱなしにしようとした。そのとき、「シャポー・ド・マール（粕帽）が酸化するので扉は閉めておけ」と、醸造場の責任者のマルセル親父《おやじ》が大声で私に注意をした。

ブルゴーニュ地方では、赤ワインの仕込みは開放型の木桶に漬《つぶ》した黒ぶどうを入れて醗酵させる。この間にぶどうの糖分がアルコールと炭酸ガスに変化し、ぶどうの皮から色素が抽出されて赤ワインとなる。桶の中ではぶどうの皮が炭酸ガスによって上へ上へと持ち上げられ、桶の上部にぶどうの皮の厚い層を形成する。このぶどうの皮の層が帽子のように見えるので、「シャポー・ド・マール（粕帽）」と呼ばれている。このシャポー・ド・マールをかい棒で突き崩す作業を「ピジャージュ」と言う。一日に二、三回ピジャージュを行って、シャポー・

木桶の上で赤ワインの「かい突き」（ピジャージュ）をする著者（1977年、ブルゴーニュ）

ド・マールをワインの中に沈めて、色を抽出するとともに、有害な微生物の増殖を抑えることが、赤ワイン造りの重要な作業である。マルセル親父がキュヴリィ（醗酵室）の扉を閉めろと言ったのは、醗酵によって出てくる炭酸ガスでシャポー・ド・マールの酸化を防いで、有害な微生物の増殖を抑えるというこの地方の伝統的醸造法を守るためであったのだ。

●——注ぎ足すワインがなければ、石ころを入れろ

マルセル親父からワインの樽熟成時の「ウイアージュ（目注《っ》ぎ）」の作業で重要かつ面白い話を聞いた。ワインの熟成には、ブルゴーニュではピエスと呼ばれる小樽が使用される。その際、ワインは貯蔵中に樽の木目をとおして蒸発し、樽の中のワインは目減りしていく。目減りすると、樽の上部に空気の隙間ができて、ワインの表面が過剰な酸化を受けるため、頻繁に樽が満量になるよう、ワインを注《つ》ぎ足す必要がある。この注ぎ足し作業を「ウイアージュ（目注ぎ）」と呼ぶ。

よく知られているように、フランスではぶどうの生産地域やぶどう品種が厳しく限定され、原産地呼称統制（AOC）法によって、限定された地域以外のワインの混合は禁止されている。したがって、目注ぎするワインには同じ種類のワインが必要であるが、そのようなワインが無くなってし

ブルゴーニュ地方の樽の大きさと呼称

地　区	呼　称	容量（単位・L）
コート・ドール地区	Piéce（ピエス）	228
〃	Feuillette（フェイエット）	114
〃	Quartaut（クアルトー）	57
シャブリ地区	Feuillette（フェイエット）	136
ボージョレ地区	Piéce（ピエス）	215
〃	Feuillette（フェイエット）	108
〃	Quartaut（クアルトー）	54
ボルドー地方（参考）	Barrique（バリック）	225

まった時にはどうすればよいか。その時は「きれいに洗ったぶどう畑の石ころを樽の中に入れて、ワインの量を増やして樽を満量にしろ」とマルセル親父は教えてくれた。

これは熟成中に樽の上部のワインを空気に触れさせないようにすることが、いかに重要かということを示唆しており、「注ぎ足すワインがなければ、石ころを入れろ」と言われて、私は目から鱗が落ちる思いだった。

目注ぎは週に一回程度、赤ワインの場合は熟成期間中の十八か月から二十四か月間行われる。一つの樽のワインを他の多くの樽へ目注ぎしていくと、その樽のワインは量が少なくなっていく。その樽もワインを半端なまま貯蔵すると酸化するので、より小さい樽に入れ換える必要がでてくる。このため、コート・ドール地区（ブルゴーニュ）のカーヴ（地下貯蔵庫）を訪れると、多くの二二八リットル入りの「ピエス樽」に混じって、半分の一一四リットル入りの「フェイエット樽」、四分の一の五七リットル入りの「クアルトー樽」が置いてある。時

いろいろな大きさの樽（ブルゴーニュ地方コート・ドール地区）

には小樽の端の地面に数本のボトルがあるのも見かける。AOC法上、異なる産地のワインは混ぜることができなくて、目注ぎしていくうちに、一樽のワインが段々少なくなって、ピエス樽からフェイエット樽へ、フェイエット樽からクアルトー樽へ、ついにはボトルまでに小分けしているのである。ついでに言えば、この樽の大きさは同じブルゴーニュでも地区により少し異なっている。

ワインの酸化を防ぐ方法は、ワインをいつも容器に一杯に入れておくことであり、このことは、家庭で飲み残しのワインを保存する時にも応用できる。レギュラーボトルのワインを飲み残した時、二、三日後に飲む時はそのままのボトルでよいが、一、二週間後まで保存しようとする時は、小さい容器、たとえばハーフボトルに入れ換えて満杯にして、冷蔵庫で冷やしておけば、酸化を防ぐことができる。

●――リコルクは品質の保証

一九八七年にキュリー研究所の慈善ワイン・オークションがパリのシテ島にあるコンシェルジュリで行われた。フランス革命時に、あのマリー・アントワネットも収容された監獄であり歴史的建造物である。オークションされるワインはボルドーの有名シャトーをはじめ、フランス各地のワイン生産者から提供を受けたもので、今では市販されていない古いミレジム（収穫年号）のワインが多数あった。そのなかでも当日の最大のハイライトは、フランスで猛威をふるった、ぶどうの根を食べる害虫フィロキセラ発生前の一八六九年と一八七〇年のボルドー四大シャトーといわれている特級格付け銘柄第一級の「シャトー・ラフィット・ロートシルト」「シャトー・マルゴー」「＊シャトー・ラツール」「シャトー・ムートン・ロートシルト」のワインであった。（これにグラーヴ地区の「シャトー・オーブリオン」を加えて五大シャトーと呼ぶ）。

このフィロキセラ発生以前の珍しい四大シャトーのワインはパリの古酒専門商ピーター・ツートラップ氏の提供で、会場入口に展示してあった。ワインを眺めていると、突然「小阪田さん、これらのワインの保存状態はどうでしょうか」と問いかけてくる人がいた。振り返ると、日本からやって来たグラフィック・デザイナーで有名な旧知のワイン愛好家の麹谷《こうじたに》宏さんである。

「液量は充分ありますので、リコルク（コルク栓の打ち替え）もシャトーでしていると思います。品質は大丈夫でしょう」と私は麹谷氏に説明した。

ワインのコルク栓は、貯蔵中にワインがコルクにしみこんで、二十年から二十五年くらいでコルク栓の天面までに到達する。こうなると、ワインはコルク栓をとおして少しずつ蒸発し、液量も少なくなり、瓶の肩の部分より下になる。同時に、瓶の中の空気の層が大きくなり、酸化が速く進み、ワインは長持ちしなくなる。そのため、さらに長く十年、二十年と貯蔵する時は、新しいコルク栓に打ち代える必要がある。この作業はそのワインを造ったシャトーで行う。この時、ワインの液量も少なくなっているので、同じシャトーの、同じ年号のワインを注ぎ足して、元の量にしてシャトー

＊ シャトー・ラツール
(Château Latour)
ボルドー地方、メドック地区の一八五五年グラン・クリュ・クラッセ(特級格付け銘柄)の第一級に格付けされたポイヤック村の銘醸シャトー。最高級赤ワインで有名。

の焼印の入った新しいコルクを打ち込むのである。二年以上の年号のワインは、シャトーの樽に残っていないので、リコルクをしようとすると、注ぎ足し用に新たに一瓶を使わなければならない。たとえば、一ケース、十二本のワインをリコルクする場合、古いコルク栓を注意深く抜いて、各々のワインを少量取り出して利き酒して、品質をチェックする。品質が悪くなったものは除いて、正常な一瓶のワインを他のボトルに注ぎ足していく。十二本すべてが正常であっても、リコルクするたびに一本は少なくなって、十一本になってしまう。

では、古いワインが一本しかない場合のリコルクはどうするのだろうか。ドイツのラインガウ*地域のハッテンハイム村の山間にあるシトー派の修道院クロスター・エーベルバッハのワイン博物館を訪れたとき、古いドイツワインのボトルの中に小石が入った一本のボトルが展示してあった。クロ・ド・ヴジョーのシャトー・ド・ラ・ツールの醸造場で聞いた話と同じ発想で、まさに小石を入れてワインの液量を増やして、ワインを酸化から守っていたのである。

話を元に戻そう。リコルクしてあるということはワインの品質が製造者のシャトーでチェックされた証拠である。先に私が麴谷氏に答えて、その品質を保証したのも、そのためである。ちなみにキュリー研究所の慈善オークションで、例の四大シャトーの四本セットを高額で落札したのは麴谷氏であった。

私もそのオークションで、「シャトー・マルゴー」の一九七〇年のボトル二本分、

＊ ラインガウ(Rheingau)
ドイツのワイン産地名。ワイン法で決められた十三地域の指定栽培地域のなかでも、高品質白ワインを生産する地域として有名。シュロス・ヨハニスベルグ、シュロス・フォルラーツ、シュロス・ラインハルツハウゼンなどのワインがよく知られている。

一・五リットル瓶のマグナム六本セットを競《せ》っていた。競り価格が市場価格より高くなったので、やめようと思ったが、競売人が「さっきの日本人はフィロキセラ発生前の四大シャトーを落札したんだよ。あなたも日本人だろう、もうひと声」と言うので、うなずくと一万三千フランで私の落札になった。一九七〇年はボルドーワインの非常に良いミレジムのため、市場ではレギュラーボトルで約千フランしていたので、マグナムで二倍にしても二千フランが相場だと思った。私が落札したワインは一本二千フランを越えており、高い買い物をしたことになった。しかし、十七年前の「シャトー・マルゴー」で、今後、数年間はリコルクしなくても保存でき、さらに、マグナムの大瓶のため長く熟成できると考えて、パリのアパートのカーヴで貯蔵して、日本に帰国する時、持って帰ることにした。

●――お薦め記念ワイン

ワインにはぶどうを収穫した年号がついており、人生の記念になる年を絡《から》めて、記念のワインを飲むという贅沢《ぜいたく》な楽しみ方もある。このような記念のワインで、還暦を迎える人の誕生年である六十年前のワインでも、特殊なルートでなら探せないことはないが、その人の誕生年がワインのミレジム（収穫年号）で良くない年であれば、探すのが困難である。また、たとえ良いミレジムのワインが見つかったとしても、高額であったり、品質が心配な場合もある。

記念ワインとしてお薦めするのが、結婚記念の年のワインと子供の誕生の年のワインである。これらのワインは結婚や子供の誕生の年の数年後には市場に出始めるため、容易に適正価格で購入することができる。それを保存しておいて、結婚記念のワインは二十五年の銀婚式に、子供の誕生年のワインは二十歳の成人の年に、家族でお祝いとして飲むとよい。ボルドーをはじめ、銘醸赤ワインは熟成が進み、絶妙な飲み頃になっているし、リコルクしなくても充分、保存できる年数である。

ところで、わが家では、長女の誕生年の一九七四年の「クロ・ド・ヴジョー」を購入して、娘が二十歳になったら、家族で飲もうと保管していた。数年前、長女が成人になったので、「お前の誕生年のワインを買っておいたよ。いっしょに飲もうか」と言うと、長女は「私はワインが嫌いです」と言う。私は非常にがっかりし、いまだにこのワインが飲めずにいる。

5 ＊まぎらわしいブルゴーニュの村名ワインと畑名ワイン

●――モンラッシェとピュリニィ・モンラッシェの違い

日本からのお客さんを凱旋門近くの二つ星レストランの「ギィー・サボア」へ招待

＊ピュリニィ・モンラッシェ
(Puligny-Montrachet)

ブルゴーニュ地方、コート・ド・ボーヌ地区の村名AOCワイン。この村にはシャルドネ種から造る辛口最高級ワインのモンラッシェがあり、白ワインの生産で有名な村。

＊モンラッシェ
(Montrachet)

ブルゴーニュ地方、コート・ド・ボーヌ地区ピュリニィ・モンラッシェ村とシャサーニュ・モンラッシェ村にまたがっているAOC特級畑。世界最高の辛口白ワインとの評価がある。

し、白ワインは「ピュリニイ・モンラッシェ*」を注文した。日本からのお客さんはワインの専門家ではないが、ワインに興味を持ちはじめた人であった。

「モンラッシェ*ですか。今日は、最高の白ワインですね。」と言われ、村名ワインの「ピュリニイ・モンラッシェ」を特級畑の「モンラッシェ」と勘違いされた。

　この例だけでなく、「ジュヴレイ・シャンベルタン」と「シャンベルタン」、「ヴォーヌ・ロマネ*」と「ロマネ・コンティ」など、ブルゴーニュのコート・ドールでは村名と特級畑名の名前がよく似て、まぎらわしいワイン名になっている。「ジュヴレイ・シャンベルタン」「モレ・サン・ドニ」「シャンボール・ミュジニイ」「ヴォーヌ・ロマネ」「ピュリニイ・モンラッシェ」「シャサーニュ・モンラッシェ*」などは村名ワインである。「シャンベルタン」「クロ・サン・ドニ」「ミュジニイ」「ラ・ロマネ」「ロマネ・コンティ」「モンラッシェ」などは特級畑であり、特級畑ワインは村名ワインより品質ははるかに高級で、価格も数倍する。しかし、これらの村名ワインもフランスのワインの中では高級ワインであり、重要な客の招待ディナーでも、料理の値段とのバランスから考えて、村名ワインがよく選択される。

　これらの村名ワインと特級畑名のワインはワイン法のAOC格付けが違い、品質に大きな差がある。ブルゴーニュ・ワインを選ぶとき、注意しなければならないのが、この村名ワインと畑名ワインを峻別し、間違えないことである。

＊ヴォーヌ・ロマネ
(Vosne-Romanée)
　ブルゴーニュ地方、コート・ド・ニュイ地区の村名AOCワイン。この村に特級畑、ロマネ・コンティ (Romanée-Conti)、ラ・ロマネ (La Romanée)、ロマネサン・ヴィヴァン (Romanée-Saint-Vivant)、リシュブール (Richebourg)、ラ・ターシュ (La Tâche)、ラ・グランド・リュ (La Grande rue) がある。銘醸赤ワインとして有名。

＊シャサーニュ・モンラッシェ
(Chassagne-Montrachet)
　ブルゴーニュ地方、コート・ド・ボーヌ地区の村名AOCワイン。赤、白ワインがあるが、白ワインが有名である。有名な特級畑モンラッシェはこの村とピュリニイ・モンラッシェ村にまたがっている。

ブルゴーニュのまぎらわしい村名ワインと畑名ワイン

村名ワイン	畑名ワイン
Gevrey-Chambertin (ジュヴレイ・シャンベルタン)	Chambertin＊(シャンベルタン) Chambertin-Clos de Bèze＊(シャンベルタン・クロ・ド・ベーズ) Chapelle-Chambertin＊(シャペル・シャンベルタン) Charmes-Chambertin＊(シャルム・シャンベルタン) Griotte-Chambertin＊(グリオット・シャンベルタン) Latricières-Chambertin＊(ラトリシエール・シャンベルタン) Mazis-Chambertin＊(マジイ・シャンベルタン) Ruchottes-Chambertin＊(ルショット・シャンベルタン)
Morey-Saint-Denis (モレ・サン・ドニ)	Clos Saint-Denis＊(クロ・サン・ドニ) Clos de la Roche＊(クロ・ド・ラ・ロッシュ) Clos des Lambrays＊(クロ・デ・ランブレイ) Clos de Tart＊(クロ・ド・タール)
Chambolle-Musigny (シャンボール・ミュジニイ)	Musigny＊ (ミュジニイ) Bonne Mares＊(ボンヌ・マール)
Vougeot(ヴジョー)	Clos de Vougeot＊(クロ・ド・ヴジョー)
Flagey-Echezeaux (フラジェイ・エシェゾー)	Echezeaux＊(エシェゾー) Grands-Echezeaux＊(グラン・エシェゾー)
Vosne-Romanée (ヴォーヌ・ロマネ)	Romanée-Conti＊(ロマネ・コンティ) La Romanée＊(ラ・ロマネ) Romanée-Saint-Vivant＊(ロマネ・サン・ヴィヴァン) Richebourg＊(リシュブール) La Tâche＊(ラ・ターシュ) La Grande Rue＊(ラ・グランド・リュ)
Nuits-Saint-Georges (ニュイ・サンジョルジュ)	Les Saint-Georges＊＊(レ・サンジョルジュ)
Aloxe-Corton (アロス・コルトン)	Corton＊(コルトン) Corton-Charlemagne＊(コルトン・シャルルマーニュ)
Beaune (ボーヌ)	Les Grèves＊＊(レ・グレーヴ) Les Bressandes＊＊(レ・ブレサンド)
Pommard (ポマール)	Les Rugiens＊＊(レ・リュジアン) Les Epenots＊＊(レ・ゼプノー)
Volnay (ヴォルネイ)	Clos des Chênes＊＊(クロ・デ・シェーヌ) Clos des Ducs＊＊(クロ・デ・デュック)
Meursault (ムルソー)	Perrières＊＊(ペリエール) Charmes＊＊(シャルム) Genevrières＊＊(ジュヌヴリエール)
Puligny-Montrachet (ピュリニイ・モンラッシェ)	Montrachet＊(モンラッシェ) Chevalier-Montrachet＊(シュバリエ・モンラッシェ) Batard-Montrachet＊(バタール・モンラッシェ)
Chassagne-Montrachet (シャサーニュ・モンラッシェ)	Montrachet＊(モンラッシェ) Bâtard-Montrachet＊(バタール・モンラッシェ)

＊：グラン・クリュ（特級畑）　＊＊：プルミエ・クリュ（１級畑）

●――ブルゴーニュ・ワインの格付け

フランスの原産地呼称統制（AOC）法によると、ワインの原料であるぶどうの収穫地（原産地）の格付けの基本は、広い地域の産地より狭い地域の産地の方が上級に位置づけられていることである。したがって、広いブルゴーニュ地方名のワインより村名のワインのほうが上級になり、村名ワインより畑名ワインのほうがさらに上級ということになる。

ブルゴーニュ地方の中でも、「黄金の丘」と呼ばれるコート・ドール地区のように高緯度のワイン産地では、ぶどう畑の方位、標高、斜面の傾斜角度、風向きなどのわずかな差が、気象に変化を及ぼす。この微小な気象（ミクロ・クリマ）の変化と土壌の差により、収穫されるぶどうの品質が変わり、それからできるワインの品質が変わることになる。地域が狭くなればなるほど、畑の土壌とミクロ・クリマと呼ばれる微小気象のよい部分も狭められ、限定された地域（畑）になる。限定された畑のなかでも、土壌とミクロ・クリマの差により、ぶどう畑は原産地呼称統制（AOC）法により特級畑、一級畑、村名表示畑に格付けされている。最近よく使われるのに「テロワール」という言葉がある。フランス語で耕地とか産地という意味であるが、ワインではぶどう畑の土壌とミクロ・クリマを合体させた言葉として使われている。すなわち、特級畑の方が一級畑よりテロワールがよいということになる。

さらに、AOC法では地域が狭くなると、より高いぶどう糖度が要求され、収穫量がより厳しく制限されている。このため、AOC産地名が上級になるほど、ワインの品質は良くなっていく。

ブルゴーニュではワインのラベルには、グラン・クリュ（特級畑）とプルミエ・クリュ（一級畑）は畑名で表示できる。しかし、その他は村名のみの表示であり、通常は村名ワインは複数の畑のぶどうが混ざっており、村名AOCワイン（アペラシオン・コミュナル）と称されている。先の例でいえば、「ピュリニイ・モンラッシェ」「ジュヴレイ・シャンベルタン」*「ヴォーヌ・ロマネ」になる。

●――綺羅星《きら》のようなグラン・クリュ（特級畑）街道

コート・ドールのぶどう畑はディジョンからはじまり、南へ六十キロのサントネ村までに広がっている。その北半分はニュイ・サンジョルジュが中心になり、コート・ド・ニュイ地区と呼ばれるのに対し、南半分はボーヌが中心になり、コート・ド・ボーヌ地区と呼ばれている。

コート・ドールのワイン産地をディジョンから国道七四号線で南下すると、最初に、有名なジュヴレイ・シャンベルタン*村に入る。ここからはじまるグラン・クリュ（特級畑）街道と呼ばれるぶどう畑の中の道を通って行くと、モレ・サン・ドニ村、シャンボール・ミュジニイ村、ヴジョー村、ヴォーヌ・ロマネ村を通り、ニュイ・サンジョルジュ村に到着する。

＊ジュヴレイ・シャンベルタン(Gevrey-Chambertin)
ブルゴーニュ地方、コート・ド・ニュイ地区の村名AOCワイン。この村にシャンベルタン(Chambertin)、シャンベルタン・クロ・ド・ベーズ(Chambertin-Clos de Bèze)、シャペル・シャンベルタン(Chapelle-Chambertin)、シャルム・シャンベルタン(Charmes-Chambertin)、グリオット・シャンベルタン(Griotte-Chambertin)、ラトリシエール・シャンベルタン(Latricières-Chambertin)、マジイ・シャンベルタン(Mazis-Chambertin)、ルショット・シャンベルタン(Ruchottes-Chambertin)のAOC特級畑があり、これらの畑からできるワインはブルゴーニュの銘醸赤ワインになる。

これらの村には有名なぶどう畑が目白押しである。ジュヴレイ・シャンベルタン村には「シャンベルタン」「シャンベルタン・クロ・ド・ベーズ」を筆頭に「シャペル・シャンベルタン」「シャルム・シャンベルタン」「グリオット・シャンベルタン」「ラトリシエール・シャンベルタン」「マジイ・シャンベルタン」「ルショット・シャンベルタン」などの特級畑がある。「シャンベルタン」はナポレオンがこよなく愛飲したワインとして有名である。

*モレ・サン・ドニ村には「クロ・サン・ドニ」「クロ・ド・ラ・ロッシュ」「クロ・デ・ランブレイ」「クロ・ド・タール」の特級畑が、*シャンボール・ミュジニイ村には「ミュジニ」「ボンヌ・マール」の特級畑がある。ヴジョー村にはシトー派の修道士が開墾した「クロ・ド・ヴジョー」の特級畑がある。

ヴォーヌ・ロマネ村には、ルイ十五世の愛妾《あいしょう》ポンパドール夫人と争ってコンティ公が獲得した幻の名酒「ロマネ・コンティ」を頂点に、「ラ・ロマネ」「ロマネ・サン・ヴィヴァン」「リシュブール」「ラ・ターシュ」「ラ・グランド・リュ」など、ワイン愛好家垂涎《すいぜん》の特級畑がある。

これらのワイン村の名前は、その後ろ半分が有名なぶどう畑の名前になっている。たとえば、ジュヴレイの後に特級畑のシャンベルタンがくっついてジュヴレイ・シャンベルタン村になっている。もともとはジュヴレイ村と呼ばれていたのが、有名なぶどう畑の「シャンベルタン」にあやかって、村の名前にしたためである。同じように

＊ モレ・サン・ドニ (Morey-Saint-Denis)
ブルゴーニュ地方、コート・ド・ニュイ地区の村名AOCワイン。この村にクロ・サン・ドニ(Clos Saint-Denis)、クロ・ド・ラ・ロッシュ(Clos de la Roche)、クロ・デ・ランブレイ(Clos des Lambrays)、クロ・ド・タール(Clos de Tart)のAOC特級畑があり、これらの畑からできるワインはブルゴーニュの銘醸赤ワインとなる。

＊ シャンボール・ミュジニイ (Chambolle-Musigny)
ブルゴーニュ地方、コート・ド・ニュイ地区の村名AOCワイン。この村にミュジニイ(Musigny)、ボンヌ・マール(Bonnes Mares)のAOC特級畑がある。ミュジニイは赤ワイン、白ワインがあり、両方とも銘醸ワイン。ボンヌ・マールも銘醸赤ワインである。

コート・ドールのワイン産地 ①（コート・ド・ニュイ）

Sylvan Pitiot et Pierre Poupon "Atlas des Grands Vignoble de Bourgogne"（1985）

コート・ドールのワイン産地②（コート・ド・ボーヌ）

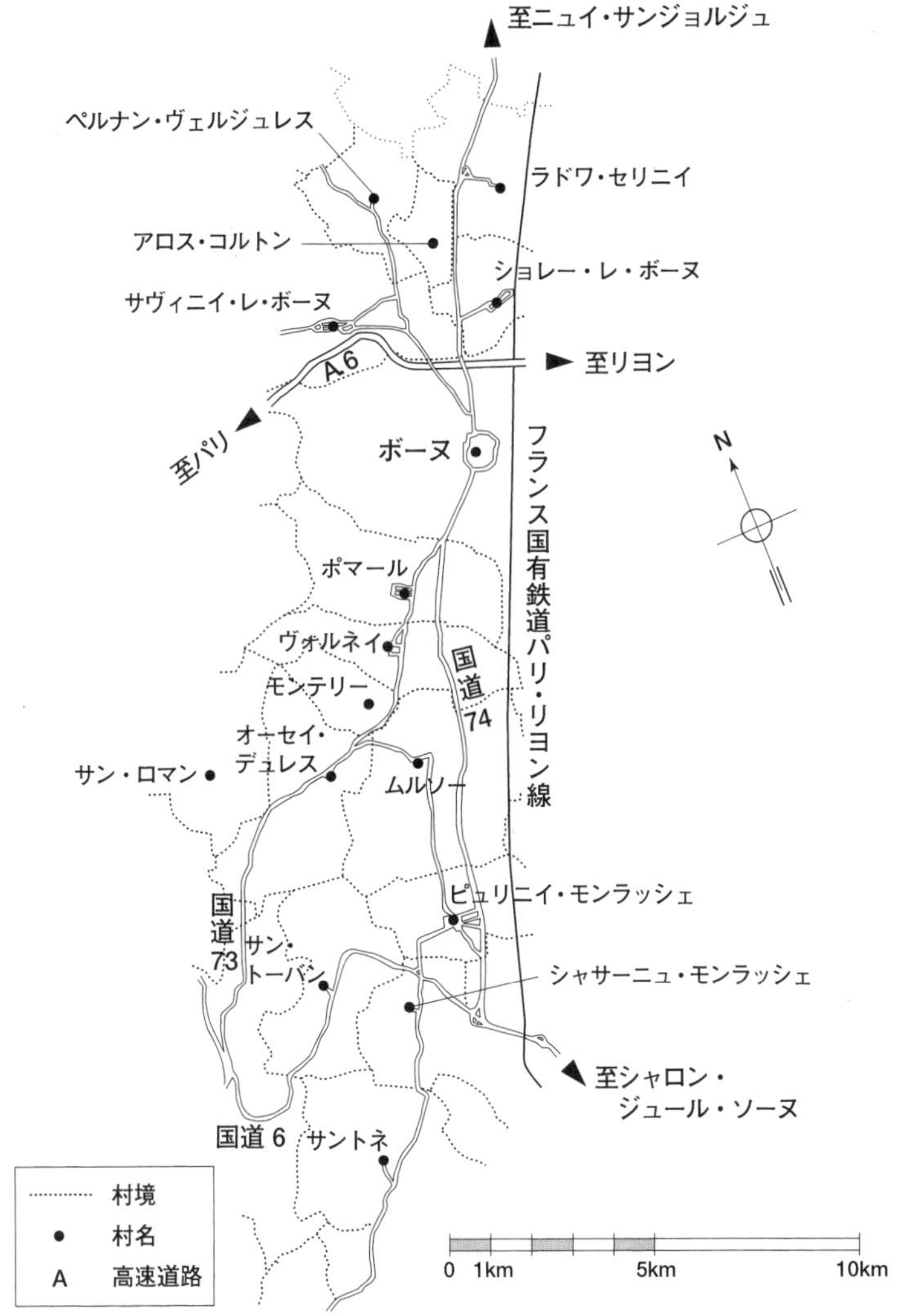
至ニュイ・サンジョルジュ
ペルナン・ヴェルジュレス
ラドワ・セリニイ
アロス・コルトン
ショレー・レ・ボーヌ
サヴィニイ・レ・ボーヌ
A6
至リヨン
至パリ
ボーヌ
フランス国有鉄道パリ・リヨン線
N
ポマール
ヴォルネイ
国道74
モンテリー
オーセイ・デュレス
サン・ロマン
ムルソー
ピュリニイ・モンラッシェ
国道73
サン・トーバン
シャサーニュ・モンラッシェ
至シャロン・ジュール・ソーヌ
国道6
サントネ
村境
村名
A 高速道路
0 1km
5km
10km

モレ村に特級畑の「サン・ドニ」を付けたのがモレ・サン・ドニ村であり、シャンボール村に特級畑の「ミュジニイ」を付けたのがシャンボール・ミュジニイ村である。ヴォーヌ村に「ラ・ロマネ」「ロマネ・コンティ」「ロマネ・サン・ヴィヴァン」などの特級畑のロマネを付けてヴォーヌ・ロマネ村になっている。

ニュイ・サンジョルジュ村から、再び国道七四号線を通り、南に進むと赤ワインの特級畑「コルトン」*と白ワインの特級畑「コルトン・シャルルマーニュ」*のあるアロス・コルトン*村を通り過ぎ、ブルゴーニュ・ワインの中心地、ボーヌに入る。

ボーヌを南下すると、ポマール村、ヴォルネイ村、ムルソー村がある。これらの村には特級畑はないが、ムルソー村の隣には、世界最高の辛口ワインを生産する特級畑の「モンラッシェ」がある。日本からのお客が「ピュリニイ・モンラッシェ」と間違えた例のワインである。この特級畑はピュリニイ村とシャサーニュ村にまたがっているため、両方の村がこの有名な特級畑にあやかって、ピュリニイ・モンラッシェ村、シャサーニュ・モンラッシェ村と名前をつけている。

●——同じ畑でも造り手の数だけラベルが異なる

ブルゴーニュのぶどう畑はフランス革命後、耕作者に農地が分割されて払い下げられていった。その後の何代にもわたる遺産相続によって、一つのぶどう畑がさらに細分化され、複数の所有者になっている。このため、現在では、同じ畑であっても数人

＊ コルトン(Corton)
ブルゴーニュ地方、コート・ド・ボーヌ地区アロス・コルトン村の特級畑。銘醸赤ワイン。

＊ コルトン・シャルルマーニュ
(Corton-Charlemagne)
ブルゴーニュ地方、コート・ド・ボーヌ地区のアロス・コルトン村とペルナン・ヴェルジュレス村にある白ワインの特級畑。シャルルマーニュ大帝が開墾させたぶどう畑の伝説があり、ブルゴーニュ地方の最高級白ワインとして有名。

＊ アロス・コルトン
(Aloxe-Corton)
ブルゴーニュ地方、コート・ド・ボーヌ地区の村名AOCワイン。この村に特級畑、コルトン(銘醸赤ワイン)、コルトン・シャルルマーニュ(銘醸白ワイン)がある。

のワイン製造者（ぶどう栽培者兼醸造者）の所有になっているぶどう畑がほとんどである。この著しい例が「クロ・ド・ヴジョー」である。この石塀で囲まれた五十ヘクタールのぶどう畑は教会所有だったが、フランス革命により国家に没収された後、分割されて民間に払い下げられた。現在ではこの五十ヘクタールの畑が遺産相続により約八十人の所有者に分割され、所有者の数に近いワイン製造者があり、異なるラベルの「クロ・ド・ヴジョー」のワインが製造されている。

ボルドーでは、たとえば「シャトー・マルゴー」と言えば、一つのワインしか存在しないが、ブルゴーニュでは「シャンベルタン」「モンラッシェ」などの特級畑のワインが造り手の数だけの異なるラベルで市場に販売されている。同じ畑であっても、ワインの製造者（ぶどう栽培兼醸造者）によってワインの品質が異なっているため、ブルゴーニュ・ワインは一般にはドメーヌと呼ばれている自園を持った醸造者の中から、優良な造り手を選ぶ必要がある。

ブルゴーニュでは珍しいが、複数の造り手に分割されていない単一所有者の畑「ロマネ・コンティ」「クロ・ド・タール」などもあり、これらのワインをぶどう畑を独占所有しているという意味でモノポール（独占畑）と呼ぶのも、ブルゴーニュならではのことである。

ワインの基礎知識 5 白ワインの醸造

白ワイン用ぶどうはシャルドネ、ソーヴィニヨン・ブラン、セミヨン、リースリングなどの薄い緑色をしたぶどうを利用する。ぶどうを軽く破砕し、果梗《かこう》（ぶどうの房の茎）を除いて圧搾《あっさく》する。圧搾ではフリーラン・ジュース（自然流下果汁）とプレス・ジュース（圧搾果汁）に分離し、果汁にして醗酵させる。プレス・ジュースは雑味、渋味の多いワインになるため、一般的にはフリーラン・ジュースを上級のワインに利用する。白ワインの醸造法はぶどうを圧搾し、果汁のみを醗酵させるため、黒ぶどうでも圧搾すれば白い果汁が採れる。黒ぶどうから造った白ワインはシャンパーニュに利用されている。

果汁の状態で醗酵させる白ワインはデリケートな酒質が要求されるため、醗酵温度は摂氏十五度前後と低く維持して、穏やかな醗酵を二〜三週間続けさせる。白ワインの場合、酵母の種類もワインの特徴に重要な役割を果たすため、産地ごとに選択された酵母が利用されている。

白ワインは辛口から甘口まであるが、果汁の糖分が完全になくなるまで醗酵させると辛口に、糖分が残っている段階で醗酵を止めたものが甘口になる。

●シュール・リー法

醗酵が終わると、酵母を主体にしたオリがタンクの底に沈み、上澄みのワインを他のタンクまたは樽に移せばオリが分離できる（オリ引き）。通常のワイン造りでは早くオリ引きをしているが、フランスのムスカデ地方では、敢えてオリと接触した状態でワインを数か月間貯蔵している。この方法は「オリの上（sur lie）」という意味でシュール・リー法と呼ばれている。シュール・リー法で造ったワインは酵母からアミノ酸がワインに溶け込み、厚みと旨みのある酒質になり、フレッシュで爽やかな味わいがある。日本でも甲州種の辛口ワインに応用されている。

●新樽発酵

白ワインの熟成はワインのタイプによってタンクまたは樽が利用される。ワインになってから樽に入れるのでなく、果汁の段階で樽に入れて醗酵させる方法もある。この方法で使用される樽はボルドーではバリックと呼ばれる二二五リットルの小樽《こだる》、ブルゴーニュではピエスと呼ばれる二二八リットルの小樽である。新樽を使う場合が多いので、この醸造法を新樽醗酵とか小樽醗酵と呼ぶ。新樽醗酵はアルコール度の低い状態で増殖する酵母が樽の内壁に付着するため、樽成分の抽出が穏やかに行われ、調和のとれた、厚みのある複雑性のある白ワインになる。この方法はシャルドネをはじめとする熟成タイプの辛口白ワインの醸造法として世界各地で利用されている。

●スキン・コンタクト

ぶどうを破砕し、果梗を取り除いて、果汁を数時間ぶどうの果皮と接触させた後、圧搾して果皮がもつ香気成分を充分に抽出した果汁を醗酵させる。フランス語ではマセラシオン・ペリキュレールと呼んでいる。

●果汁添加法（ズース・レゼルヴ）

ドイツの甘口白ワインの製造法で、出来上がった辛口ワインを瓶詰めする前に、醗酵させずに保存しておいた同じ産地の果汁を添加して甘口ワインにする。添加する保存果汁をドイツ語で「ズース・レゼルヴ（英語のジュース・リザーブ）」ということからこの名前がついている。この方法で造ったワインはフレッシュでフルーティな甘口白ワインになる。

醗酵タンク（ステンレス・タンク）

ワインの基礎知識 ❻ 赤ワインの醸造

赤ワインの色はぶどうの皮の色素がワインに溶け出したもので、この醸造には充分な色素を含んだカベルネ・ソーヴィニヨン、メルロー、ピノ・ノワールなどの黒ぶどうを利用する。ぶどうの皮から色素を取り出すため、ぶどうを軽く破砕し、果梗《かこう》（ぶどうの房の茎）を取り除いて、皮も果汁といっしょにタンクに入れて醱酵させる。約一～二週間、摂氏二八～三〇度で、皮を漬け込んで醱酵させる間にぶどうの皮から色素が溶け出して、赤ワインになる。この時、色素だけでなく、皮や種子からタンニン分が出て渋味が強くなる。

皮を漬け込んで醱酵させることを「かもし醱酵」と呼ぶ。この間にぶどうの糖分は酵母の作用でアルコールと炭酸ガスに変化して、ワインになっていく。ぶどうの皮は炭酸ガスによってタンクの上部に押し上げられて、皮の層を形成する。これが帽子のようにみえるので、粕帽《かすぼう》とか果帽《かぼう》と呼んでいる。毎日二～三回、粕帽をかい棒で突き崩してワインの中に沈めて色が充分に出るようにする。また粕帽が長く空気にさらされると酢酸菌などの細菌の発生や酸化の原因になるため、これを防ぐためのかい突きは赤ワイン醸造の重要な作業である。きつい肉体労働でもあるので、かい突きの代わりにポンプでワインを粕帽の上にシャワーする方法や自動回転式のタンクも利用されている。

色が充分ワインに出て、ワイン中の糖分がほとんど無くなると皮を取り除く。うまいことに皮は粕帽となってタンクの上に押し上げられているため、タンクの下の部分のワインを抜き取るとぶどう粕（皮）と分離できる。この粕にはまだ充分なワインが含まれているので、圧搾してワインを取り出す。このワインをプレス・ワイン（圧搾ワイン）と呼び、渋味が強いため、一般的には他のワインにブレンドして使用する。

このように赤ワインの醸造法では、色素を充分にだすために渋味も強くなり、一般的には若いワインでは飲みづらく、熟成させる必要がある。

赤ワインの色の主成分はアントシアニン、渋味の主成分はタンニンであり、これらはポリフェノールと総称され、健康に良いと言われている。

❹

銘醸地のワイン祭り

1 ＊ 慈善院のワイン・オークション

●――オスピス・ド・ボーヌにニュイ・サンジョルジュのワインはない

一九七八年の夏のことである。日本のワイン造りの歴史に縁のあるシャンパーニュ地方のトロワに、私の上司であった浅井昭吾氏（麻井宇介のペンネームで『日本のワイン・誕生と揺籃時代』日本経済評論社、を書いている）を案内した時、この町では高級なレストランで食事した。その時、その店のワイン・リストに「オスピス・ド・ニュイ＊」がブルゴーニュ・ワインの最高級として載っていた。

そこで、私たちはこの高級ワインを飲むことにし、ソムリエにワインについて尋ねた。するとソムリエは「このワインはオスピス・ド・ボーヌという慈善院で造られたニュイ・サンジョルジュ村産の上等ものです」と説明した。

私はボーヌのワイン醸造試験所で研修し、「オスピス・ド・ボーヌ＊」でも仕込み実習をして、そこでは「ニュイ・サンジョルジュ」のワインは造っていないことを知っていたので、「これはオスピス・ド・ニュイではないのですか」と尋ねた。ソムリエはあくまでも「オスピス・ド・ボーヌです」と言い張る。とにかく、「それを飲むの

＊ オスピス・ド・ニュイ (Hospice de Nuits)
　ブルゴーニュ地方、ニュイ・サンジョルジュ村の慈善施療院。この慈善施療院で造るワイン名になっており、オークションで購入されたワインは統一ラベルが貼られて販売されている。

＊ オスピス・ド・ボーヌ (Hospice de Beaune)
　ブルゴーニュ地方、ボーヌ市の慈善施療院。一四四三年に設立された時から、地元の有力者が寄進したぶどう畑からできるワインを売ってこの慈善施療院の費用に充てている。オークションでワインが競売され、統一ラベルが貼られ販売されており、ブルゴーニュ・ワインの中でも高級ワインになっている。

で、持ってきてくれ」と注文をした。

しばらくして、ソムリエは一瓶の赤ワインを持って来て言った。「お客様のおっしゃるようにオスピス・ド・ニュイです。申し訳ありませんでした」。

ブルゴーニュの有名なぶどう畑には中世のシトー派の修道院の力によって開墾されたものが多く、有名なのが先にも述べた「クロ・ド・ヴジョー」である。また、これとは別にオスピスと呼ばれる慈善院もぶどう畑を所有しており、そこで造ったワインを慈善院のワインとして販売している。そのうち有名なのが、ブルゴーニュのボーヌにある慈善施療院「オスピス・ド・ボーヌ」のワインである。

この慈善施療院は一四四三年にブルゴーニュ公フィリップ・ル・ボンの大法官ニコラ・ロランとその妻、ギゴヌ・ド・サランによって設立された。自らぶどう畑を寄進し、町の有力者からもぶどう畑の寄進を受け、この畑で収穫されるぶどうからワインを造り、これを売って慈善施療院の経費を賄《まかな》った。そして一八五一年からオス

慈善施療院「オスピス・ド・ボーヌ」

ピス・ド・ボーヌで造ったワインはオークションで販売されるようになった。一九二四年からはオークションの日は、毎年、十一月の第三日曜日に決められており、ピエスと呼ばれる二二八リットル入りの樽のまま競売にかけられる。近年では、世界のワイン業界関係者、愛好家が購入し、世界で最も有名なワイン・オークションになっている。

オスピス・ド・ボーヌが寄進を受け、所有しているぶどう畑はコート・ド・ボーヌ地区の畑が主で、一九七七年になって初めてコート・ド・ニュイ地区の特級畑「マジイ・シャンベルタン」*が寄進された。だから私たちがトロワのレストランで食事をした一九七八年夏は、まだこの「マジイ・シャンベルタン」は発売されておらず、したがってコート・ド・ニュイ地区のオスピス・ド・ボーヌのワインはなかったのである。最近ではコート・ド・ニュイ地区モレ・サン・ドニ村の特級畑「クロ・ド・ラ・ロッシュ」*やマコン地区の有名な白ワインの村「プイイ・フュッセ」*のぶどう畑も寄進され、今ではオスピス・ド・ボーヌが所有しているぶどう畑はコート・ド・ボーヌ地区以外の畑も含まれるようになった。

●――ワイン・オークション

私が駐在員として初めてパリに赴任した一九八五年の十一月に、三楽が初めてオスピス・ド・ボーヌのワインを購入することになり、私は会社を代表してオークション

＊ マジイ・シャンベルタン
(Mazis-Chambertin)

ブルゴーニュ地方、コート・ド・ニュイ地区ジュヴレイ・シャンベルタン村にある特級畑の名前の一つ。オスピス・ド・ボーヌも一部の畑を所有している。

＊ クロ・ド・ラ・ロッシュ
(Clos de la Roche)

ブルゴーニュ地方、コート・ド・ニュイ地区モレ・サン・ドニ村の特級畑名ワイン。銘醸赤ワインとして有名。

＊ プイイ・フュッセ
(Pouilly-Fussé)

ブルゴーニュ地方、マコン地区のプイイ村とフュッセ村からとれる高級白ワイン。

に参加した。オークションの行われる第三日曜日前々日はオークションの購入者だけが参加できる利き酒の日であった。私は共同購入者であるアルベール・ビショー社の技術者と品質を確認し合いながら、購入対象の畑のキュヴェ（仕込み桶ごとのロット）を絞りこんでいった。これまでの落札価格から推察して、特級畑の「コルトン」や「マジイ・シャンベルタン」は高すぎる価格が予想されるので、村名クラスの赤ワインの「ポマール」*か「ヴォルネイ」*に的を絞って利き酒していった。

オークションの当日はビショー社が主催する昼食会に参加した後、オスピス・ド・ボーヌの前にあるオークションの会場になる公会堂に行く。会場はすでに後ろの立ち見席まで一杯で、会場に入れない人々が窓越しに会場の外を取り巻いているなか、私たちは購入者として予約してある会場の中央の椅子に陣取った。このオークションはブルゴーニュのみならず、フランス、いや世界で最も有名なものになっており、各国からジャーナリスト、ワイン愛好家がやってきている。特に、事前の利き酒による品質の確認とオークションの落札価格は、その年のブルゴーニュ・ワインの最初の判定になり、ここでの落札価格がその年のワインの市場取引価格に影響を与えると言われている。

オークションは、オスピスが所有する五八ヘクタール（八五年当時）のワインに寄進者の名前がついた三四の畑のキュヴェ（仕込み桶ごとのロット）がさらに二から十樽ごとのロットに分けられて競売にかけられる。最近（一九九九年）の競売キュヴェ*

＊ ポマール(Pommard)
ブルゴーニュ地方、コート・ド・ボーヌ地区の村名AOCワイン名。赤ワインで有名。

＊ ヴォルネイ(Volnay)
ブルゴーニュ地方、コート・ド・ボーヌ地区の村名AOCワイン名。赤ワインで有名。

＊ オピス・ド・ボーヌの競売キュヴェ名は、二三六頁参照。

は三九あり、競売される総ピエス（樽）本数は七二九本になっている。
競売はピエス（樽）当たりの価格で行われ、壇上の主催者が二本のろうそくを灯《とも》し、二本目のろうそくの火が消えるまでに最高値をつけた人に落札される仕組みになっている。会場の通路ごとにレペティスール（復唱者）と呼ばれる係員を配置し、買い手の意思を壇上のオークショナー（競売人）に伝えている。

オークションの後半に入り、私たちが候補にしたポマールのキュヴェ・シロー*・ショードロンが競売にはいった。一樽二万フランからはじまり、千フラン単位で価格が上昇していく。ビショー社長のように地元の有力ネゴシアンは指をわずかに立てて、復唱者に合図をして、誰が競っているのか分からないようにしている。壇上ではクリエルール（叫び人）が「皆さん、もう二本目のろうそくですよ。競《せ》って！　競《せ》って！　落ちますよ！」と価格の吊り上げを煽動《せんどう》していく。オークショナーは「四万五千！　四万五千！　もうありませんか」と言いながら、二本目のろうそくの火が消えると、木槌をたたいて、落札を宣言する。

ビショー氏が落札者の名前のメモを係員に渡すと、オークショナーは「カタログ・ナンバー二七番、ポマールのシロー・ショードロン十樽、一樽当たり四万五千フラン（約百十三万円）、落札者、メゾン・アルベール・ビショー、ボーヌ、同様にサンラク・インコーポレイティド、ジャポン」と落札者の名前を発表した。ワイン・オークションに参加した初めての体験だっただけに、この時のことは今も鮮明に覚えている。

＊ ポマール、キュヴェ・シロー・ショードロン（Pommard, Cuvée Cyrot-Chaudron）
ポマール村のオスピス・ド・ボーヌ所有畑のぶどうをオスピスで醸造した赤ワインで、シロー・ショードロン氏が寄進した畑なのでキュヴェに同氏の名前が付いている（一九八五年当時）。現在ではレイモン・シローとスザンヌ・ショードロンのキュヴェ名に分けられている。

●――粘って安く買ったムルソー・シャルム

メルシャンはこの年から毎年のようにオスピス・ド・ボーヌのワインを落札している。このワインは共同購入者のビショー社で約二年間の樽熟成が終わった後、瓶詰めをして、オスピス・ド・ボーヌの共通ラベルに落札者三楽（メルシャン）の名前を入れて、輸入、販売している。

一九八八年には白ワインも落札しようと、ブルゴーニュの白ワインを代表する「ムルソー」を候補に上げた。この頃になると、バブル経済の影響もあってか、日本からオークションに参加するワイン業者も多くなった。そのため、「ムルソー」の価格が私の予想していた価格より軒並み高くなり、手が出なくなってしまった。競売ロットが十樽と量が多いのでビショー社と共同で購入することにしていたが、ベルナール・ビショー社長は今年の落札価格は高すぎると判断して、購入を諦めて、夕方にはさっさと帰ってしまった。あとに弟のベニーニュ・ビショー氏と私が残り、オークションを最後まで見ることにした。

ところが、最後の方に残っている一級畑の「ムルソー・シャルム」*の値段が上がらなくなっている。日本のほか、海外から来ている購入者が前半で購入を終えてしまったらしく、会場も夜六時頃になると海外からの購入者は買い付け責任を果たし、退席してしまっている。私はベニーニュ・ビショー氏に「ムルソー・シャルム」のキュ*

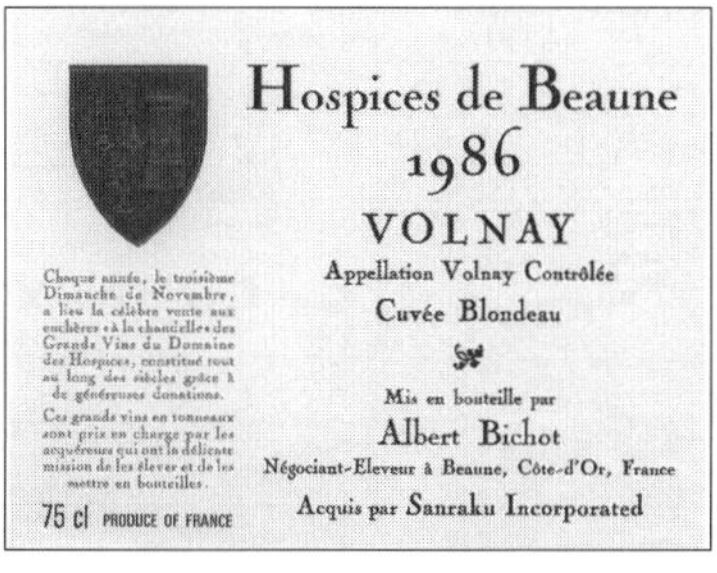

オスピス・ド・ボーヌのワインラベル

* ムルソー・シャルム
(Meursault-Charmes)
ブルゴーニュ地方、コート・ド・ボーヌ地区のムルソー村の一級畑シャルムの白ワイン。ムルソー村には特級畑がないため一級畑が最上級の畑になり、高級白ワインとして有名。

ヴェ・ド・バエズル・ド・ランレイ」を競《せ》るよう依頼した。最終的には落札価格は一級畑の「ムルソー・シャルム」が一樽当たり三万三千フラン（約八十三万円）で、これより格付けが下の普通の「ムルソー」の四万フラン（約百万円）より安く買えた。共同購入者ながらビショー氏から「ムッシュ・オサカダが言うように最後まで粘ったので、わが社としても、良い買い物ができた」と、地元で毎年オークションに参加している専門家からお礼を言われたのは妙な感じだった。

＊ムルソー・シャルム、キュヴェ・ド・バエズル・ド・ランレイ
(Meursault-Charmes, Cuvée de Bahézre de Lanlay)

ムルソー村の一級畑シャルムのオスピス・ド・ボーヌ醸造ワインで、ド・バエズル・ド・ランレイ氏が寄進した畑なのでキュヴェに同氏の名前が付いている。

●——オスピスのワインは特別ラベルで発売

オスピス・ド・ボーヌのオークションで落札したワインは、ブルゴーニュでピエスと呼ばれる二二八リットルの小樽に入った、その年の新酒である。赤ワインは約二年、白ワインは約一年、樽で熟成させた後、ブルゴーニュ地域内のワイン会社で瓶詰めし、オスピス・ド・ボーヌの紋章の入った特別ラベルを貼って販売する。この特別ラベルにはワインの原産地名「ムルソー・シャルム」、畑の寄進者の名前から採用したキュヴェ名「キュヴェ・ド・バエズル・ド・ランレイ」、年号「一九八八」、さらに落札者の名前「メルシャン」が記入される。ワインの最終価格は落札価格に貯蔵管理料、瓶詰めコストなどが加算されて、かなり高額になる。それでなくても、オスピスのワインはコート・ドールの著名な村や一級畑、特級畑の上級の格付けであり、慈善院のワインとして丁寧に醸造されて、世界のワイン愛好家の垂涎《すいぜん》の的なのである。

オスピス・ド・ボージュのワインラベル

●――慈善院のワインはボーヌだけではない

ブルゴーニュ地方にはオスピス・ド・ボーヌのほか、ボージョレのボージュの町とコート・ドールのニュイ・サンジョルジュの町にも慈善院があり、ともに規模は小さいが、ワイン・オークションを行っている。

ボージョレ地方の呼び名の起こりにもなった町、ボージュの慈善院はすでに十三世紀にはできていたという記録がある。ワイン・オークションも二百年以上も前から行われ、慈善院のなかでは最も古いオークションと言われている。毎年十二月の第二日曜日に開催され、「ボージョレ・ヴィラージュ」*と、この地方で最上級の村名ワイン「レニエ」「モルゴン」「ブルイ」などのクリュ・ボージョレ（村名ボージョレ）が競売される。

「オスピス・ド・ニュイ」の競売は毎年、復活祭の一週間前の三月の日曜日にシャトー・クロ・ド・ヴジョーで行われ

オスピス・ド・ボーヌの樽（産地名、キュヴェ名が樽に表示してある）

＊ボージョレ・ヴィラージュ（Beaujolais-Villages）
ボージョレ地区のAOC産地名。ボージョレ地区の産地の中で一格上の産地をボージョレ・ヴィラージュにしている。

る。競売されるワインはすべて「ニュイ・サンジョルジュ」産の畑のものであり、量は年による差はあるが、約一〇〇ピエス程度である。これらのオークションのワインも樽ごとで競売され、「オスピス・ド・ニュイ」の特殊ラベルで発売されて、「オスピス・ド・ボーヌ」のワインと同様に慈善院のワインとして珍重されている。

トロワのレストランのソムリエは、「オスピス・ド・ニュイ」のニュイ・サンジョルジュのワインを、オスピスと言えば一般に名前が通って有名な「オスピス・ド・ボーヌ」しか無いと思って間違えたのであった。

オスピス・ド・ニュイのワインラベル

2 ＊オスピス・ド・ボーヌのワイン造り

●――ぶどうの収穫は糖度と酸度の測定から

一九七七年十月三日、ブルゴーニュ醸造試験所に、オスピス・ド・ボーヌ所有の畑からサンプルとして摘《つ》み採られたぶどうが集められた。この醸造試験所に留学していた私の仕事は、まずぶどうの房の重さを計り、病果の程度を記録するとともに、手製の圧搾《あっさく》機で果汁を採取して、糖度と酸度を測定していくことであった。この結果に基づき、収穫開始は十月八日と決定された。すでにコート・ドールの栽培者組合では、一九七七年は天候不順のため収穫を十月三日まで遅らせる申し合せをしていた。オスピスではそれをさらに五日間遅らせることにした。

実はこのように遅い収穫をするときは、ぶどうがプリチュール・グリーズ（灰色カビ病）に犯される危険をはらんでいる。灰色カビ病の原因はボトリシス・シネレア菌がぶどうの房に繁殖することであり、このカビで灰色に腐るためこの病名がついている。一方ボルドーのソーテルヌ地区では、このボトリシス・シネレア菌が熟した白ぶどうの粒に繁殖すると、ぶどうの水分が蒸発して非常に糖度の高いぶどうになる。カビが生えて腐っているように見えるが、このぶどうでワインを造ると極甘口の美味しいワインができるため、このぶどうをプリチュール・ノーブル（貴腐ぶどう）と呼び、できたワインを貴腐ワインと呼んでいる。しかし、赤ワインに発生すれば大打撃である。コート・ドールのワインの出来の良い年というのは、夏の日照時間や降雨量が適切なだけでなく、春のぶどうの開花が早く、灰色カビの発生する晩秋まで待たずにぶどうが完熟し、収穫できる年である。それを今回オスピスは、灰色カビが発生する危険性があるが、敢えて運を天に任せて完熟まで待つ大決断をしたのである。

●――ワイン造りはぶどう栽培者との共同作業

当時、私はこの醸造試験所のレグリーズ所長の推薦で、オスピス・ド・ボーヌの醸造場でワイン仕込み研修ができることになった。オスピスのワイン仕込みメンバーは、今年から新しく醸造責任者になったポルシュレ氏を中心に、私を加えた総勢七名である。この七名でオスピス所有の五四ヘクタール（当時）から収穫されるぶどうの五五〇ピエス（一ピエスは二二八リットル）分のワインを作ることになった。十月に仕込んで、わずか一か月足らずの後に競売しなければならないワイン造りは、たいへん気をつかう仕事である。ポルシュレ氏の最初の仕事でもあり、彼の緊張感がひしひしと私にも伝わってくる。

キュヴリィ（醗酵室）には、畑の寄進者、畑名、栽培者の名前が入った二十数本の大きな桶（キューヴ）が用意されている。毎年、同じ桶に同じ畑のぶどうが醸造されるので、次々と栽培者たちが自分の畑の桶を洗いにやってくる。彼らは収穫の作業を仕込み桶を洗うことから始めるのである。桶は洗浄されてから、呑み口側の桶の下の木の台がはずされ、水切りのため前屈《かが》みになってぶどうの到着を待つ。

日本的ワイン造りの感覚では、醸造場内の仕事は蔵人《くらびと》の持ち場であり、栽培者の仕事ではない。しかし、ここでは仕込み前後の桶の洗浄だけでなく、ぶどうの破砕、ぶどうの皮を果汁に漬けこんで醗酵させる。この時に桶の上部に押し上げられたぶどうの皮の層を棒で突き崩して、皮をワインに沈める作業のかい突きもすべて栽培者の仕事である。ワイン造りは、「本来良いワインになる素質を持ったぶどうを、蔵人は醸造という過程をとおし、その素質を最大限に出すように導いてやる」ことであり、ぶどう栽培と一体でなければならない。これは技術者である私自身の思想でもある。この蔵人の仕事は破砕機、圧搾機の操作、かもし後のワインの引き抜き、醗酵中のモロミの温度管理などである。日本では体験しなかったが、ワイン造りがぶどう栽培者との共同作業であるという原型をここで初めて見たのである。

ぶどうは約四十キログラム入るパニエ（籠）に入れられ、トラクターで運ばれてくる。現在ではパニエがしだいに少なくなり、プラスティック・ケースに変わってきている。醸造場に運ばれたぶどうは栽培者の手で破砕機に入れられて潰され、黒ぶどうは直接仕込み桶へ、白ぶどうは圧搾機へ送られていく。

一九七七年は天候に恵まれず灰色カビの発生が多かったため、ぶどうの房の茎である果梗を取り除く作業（除梗《じょこう》）は完全に行うことにした。除梗することで、軽いワインになることは避けられないが、果梗に付着している灰色カビの影響を少なくし、赤ワインの色が茶色になる褐変《かっぺん》、退色を防ぐ効果がある。翌一九七八年は天候に恵まれ

キュヴリィに用意された大きな桶（キューヴ）

た年であったため、未除梗でワイン造りができ、ブルゴーニュ本来のワイン造りをすることができた。

すでに真新しいピエス（小樽）が運び込まれている。樽係のピエールが一握りの食塩を溶かした熱湯をすばやく樽に入れ、栓をして激しく前後左右に転がし、洗浄すると同時に漏れがないかどうかを確認していく。洗浄された樽はポルシュレ氏が地下貯蔵庫（カーヴ）に注意深く、何度も何度も樽の端を整えて、一直線になるように並べていく。オークションでは樽のままワインが売られるため、毎年新樽を調達する。カーヴに整然と並んだ五五〇本の新樽は壮観である。

●――ヴァン・ヌヴォーは好きか

ブルゴーニュのワインの中心地で、人口二万人のボーヌの町に生活している日本人は私たち家族三人だけであり、ボーヌの人たちに私たちのことはよく知られていた。オスピスのワイン仕込みの仲間も、私が妻と幼稚園に行っている娘を連れてきているのを知っていた。白ワインの仕込みが始まったある日、圧搾係のポールが「マダム・オサカダはヴァン・ヌヴォー（新酒）が好きか」と私に尋ねた。妻はボーヌに来てからワインとチーズが大好物になっていたので、「ええ、大好きで、よくワインを飲むよ」と答えたら、マダムのためにヴァン・ヌヴォーを持って帰れと渡してくれたのは、ぶどうを圧搾して一晩の間、タンクに静置して、固形分を取り除いて清澄にさせる作業（デブルバージュ）中のムルソーの果汁であった。ここではぶどうとか、果汁という意識はなく、果汁もすでにワインなのである。だから、フランスのAOC法の規定でもぶどうの最低糖度とは言わず、その糖度から出るであろうアルコール度に換算して最低アルコール度と言っている。

日本のワイン専門家でも、フランスAOC法の最低アルコール度をワインのアルコール度と混同している者もいる。たとえば、ブルゴーニュAOCの赤ワイン用のぶどうの最低アルコール度は十度であるが、これはぶどうに含まれている糖度から出るアルコール度を指しており、実際に出来上がったワインのアルコール度は十度でなく、補糖をして醱酵させているので約十二度になっている。

白ワインの仕込みは、圧搾係のポールがヴァン・ヌヴォーと言った果汁をカーヴに並べられた樽へと詰めていく。オスピスの醸造場での私の仕事は、小さな容器に果汁を一部採り、樽一本当たり七キログラムの砂糖を溶かしてシャプタリザシオン（補糖）することである。十月も中旬になると、果汁の温度は十度を切る。砂糖を溶かす手は痺《しび》れるように冷たかった。このように低い温度なので、白ワインの醱酵はカーヴの一部を仕切り、暖房器をいれて十五度まで温度を上げ、自然に湧き付く（醱酵が始まる）のを待つのである。われわれが日本で低温醱酵を新しい技術のようにいっていることが、ここでは古くから自然に行われていたのである。

●——かい突きは今も素足で行う

私たち、蔵人の食事はオスピスの調理室で準備される。この調理室は設立当時から使用されているため、観光客には立ち入りを禁止し、当時は窓越しに見学させていた。昔からの見事な銅製の鍋類や、歯車で肉の塊を回転させてローストする古めかしい装置を備えた暖炉のある調理室である。料理の運搬は私とポールの役目で、毎回ここへ料理を取りに行った。夕方の間食をとって、ひと休みしていると、ポルシュレ氏が「ムッシュ・オサカダ、ニコラ・ロランの桶をモロミ循環してやれ」と指示する。栽培者は朝、夕の二回、かい突きにやって来るのであるが、オスピスの創立者、ニコラ・ロランの名を付けた直径二メートル、高さ二・五メートルほどのこの桶は、夕方のかい突きにまだ誰も来ていなかった。

このような場合は、われわれ蔵人が桶の下の呑《の》み口から醱酵中のワインを取り出して、ポンプで桶の表面のぶどうの皮の塊（粕帽）にたっぷりとワインをかけてやる作業（モロミ循環）をして、粕帽が長く空気に曝《さら》されて変質しないようにする。私が良いワインに育つようにと、さらにかい突きをしているところへ、栽培者がやって来た。「メルシー、ムッシュ・ジャポネ」と言いながら、彼は上着をとり、ズボンを脱ぎ、海水パンツ一枚になって、高さ二・五メートルもある大きな桶に梯子《はしご》をかけて登った。あっけにとられていると、桶の縁に手をかけ、素足で粕帽を踏み崩していった。古い写真で、海水パンツも着けず真っ裸で粕帽の上に登り、素足で粕帽を突き崩しているのを見たことがあるが、ここではまだこの作業が残っていたのである。ブルゴーニュではかい突きをピジャージュというが、これは足のことをフランス語でピエということからきた言葉と思われる。

●――プレス・ワインは格下げ品か?

ぶどうの皮を漬け込んだ八日間のかもし醱酵が終わると、まず、皮が入っていないワインの部分を仕込み桶（キューヴ）の下から引き抜く。こうして引き抜いたワインをフリーラン・ワインという。次に、残った粕帽だけを圧搾して、ワインを搾り出す。これをプレス・ワインという。圧搾係のポールに、そのプレス・ワインを「別のキューヴのプレス・ワインと混ぜてよいか」と尋ねると、ポールは顔を真っ赤にして「とんでもない！　ここでは異なる畑のワインは絶対に混ぜてはならない」と言い、圧搾をせずに取り出した同じキューヴのフリーラン・ワインに混ぜるよう指示した。

日本ではプレス・ワインは格下げの品質の悪いワインと教えられていたのに、フランスはそうではないらしい。醸造責任者のポルシュレ氏に、この疑問を質すと、「今、搾ったやつを飲んでみろ」と言う。なるほど、搾ったばかりのプレス・ワインは私が考えていたほど雑味が多くなく、タンニンのある良質のものであった。ブルゴーニュの赤ワインにはピノ・ノワール種のみが使用されているので、他の品種に比べて、渋味成分のタンニン分が少ない。そのため、ピノ・ノワール種にとって、プレス・ワインはむしろ味に厚みをつけるのに必要であることを学んだ。

　こうして、混ぜられたフリーラン・ワインとプレス・ワインは同じタンクで一晩の清澄後、次つぎと樽詰めされていく。あとは、オークションのために世界中の買い手に利き酒される十一月の第三日曜日までオスピスのカーヴで待つのみである。オークションの日が近づくと樽の正面の円盤のカガミと呼ばれる部分に、それぞれのワイン名になるキュヴェの名前と産地名が記入され、利き酒の時、吐き出したワインを染みこませるため、床全体にオガクズを敷いて準備をする。

　オークションの前々日の金曜日から利き酒が始まり、世界中の買い手がその年のワインの出来を真剣に判定していく。オスピスの畑の栽培者は野良着《のらぎ》を一張羅《いっちょうら》に着替え、自分が栽培した畑のワインをガラス管のピペットで樽から買い手に、高い価格で競り落ちることを願いながら、サーヴィスするのである。

オスピス・ド・ボーヌの利き酒

3 ＊ワイン利き酒騎士団

●――ワインが売れなくて、友人に飲ませることから始まった

ブルゴーニュ地方に「ラ・コンフレリー・デ・シュヴァリエ・デュ・タートヴァン」というワイン団体がある。この団体は「ワイン利き酒騎士団」という意味で、ブルゴーニュ・ワインの普及促進団体として一九三四年に設立されている。設立当時は大不況で、ブルゴーニュ・ワインも販売に苦労し、生産者の酒蔵は売れないワインの在庫でいっぱいになっていた。

そこでこの難局を打開するために、ジョルジュ・フェブレとカミーユ・ロディエという二人のワイン生産者がこの団体を創立したのだ。友人たちを呼んで無料でワインを飲んでもらい、ブルゴーニュ・ワインの愛飲者になってもらおうという主旨である。ワイン・カーヴで品質鑑定に使う銀製の利き酒盃（タートヴァン）を会員のシンボルに決めて、会員にこれを授与し、シュバリエ・デュ・タートヴァン（ワイン利き酒騎士）と呼んだ。この団体はブルゴーニュ地方のワインだけでなく、古い歴史、優れた文化、おいしい料理、陽気で人情味豊かな地方色の紹介にも力を注いできた。

「ワイン利き酒騎士団」は一九四四年に前述のシャトー・クロ・ド・ヴジョーを買い取って、シャピトルと呼ばれる叙任式と晩餐会の会場として使用しながら、建物の修復を行っている。

コンフレリーとは本来、宗教、慈善関係の団体を意味しているが、ここではワインの普及促進団体として使われ、フランス各地のワイン産地に大小合わせて、全部で六十ほどのコンフレリーが存在する。その中で最も有名なのが、「ラ・コンフレリー・デ・シュヴァリエ・デュ・タートヴァン」であり、世界中に一万名以上の会員がいる。会員の職業、経歴は多種多様で、政治家、外交官、企業家、芸術家、俳優、スポーツ選手、ワイン生産者などに加えて、国家元首、宇宙飛行士にいたるまでブルゴーニュ・ワインの愛好者が含まれている。

●――――日出づる国からワイン利き酒騎士に

五年間のパリ勤務が終わりに近づいた一九九〇年三月二十四日にブルゴーニュのシュヴァリエ・デュ・タート

シャトー・クロ・ド・ヴジョー

ヴァン（ワイン利き酒騎士）に叙任していただけるというので、妻と一緒にシャトー・クロ・ド・ヴジョーに出かけた。門を入り中庭左側の比較的新しいルネッサンス様式の建物の二階に上り、叙任式の行われる栄光の間で、最前列に座って待っていた。隣がインド・スエズ銀行の東京支店長でフランスへ帰国して間もないD氏で、彼も叙任されるためにやって来ていたのである。

やがて、狩猟に使うラッパのファンファーレを合図に叙任式が始まった。まず、叙任者ひとりずつの紹介がユーモアをまじえて行われる。「日出づる国から日沈む国にワイン醸造技術を学びにやって来て……、今はブルゴーニュ・ワインを輸出する仕事をしている。日本人が年に一人一リットルのブルゴーニュを飲めば、フランス人が飲むブルゴーニュ・ワインは一滴も無くなる……」とユーモアを交えた紹介が始まると、隣のD氏が日本人のことと分かったらしく、「あなたの番」だと私に合図をする。壇上には十人ほどのシュヴァリエ・デュ・タートヴァン本部の役員が中世の衣装を身にまとって立っている。赤と金色の太い縦縞のあるガウン、金色の縁取りをした真っ赤な帽子、首からぶらさげた銀製のタートヴァンという出《い》で立《た》ちである。私が壇上に上がると、この団体の会長が「あなたをコンフレール（仲間）と認める」と言いながら、ぶどうの枝で造った杖で私の両肩を一回ずつ叩き、親愛を表す頬ずりをする。次にシュヴァリエの会員の認証である黄色と橙色のリボンが付いた銀製のタートヴァンを首に掛けてくれる。最後にサイン帳に署名して、叙任儀式は終了した。

約二十人が新しいシュヴァリエに叙任されていったが、D氏の名前は最後まで呼ばれなかった。彼は主催者に「叙任の案内をうけているが、今日の叙任者の中に自分の名前が無かった」と不思議そうに尋ねていた。案内状を確認すると、彼の叙任式は次回の四月の予定になっていた。この日の叙任式の名称は「レジオン・ドヌールの会」であった。D氏はフランスの最高勲章であるレジオン・ドヌール勲章の叙勲者でもあったため、この日の「レジオン・ドヌールの会」でシュバリエに叙任されるものと勘違いしたのであった。「レジオン・ドヌールの会」はこの年だけの特別な呼称であった。年に十数回ある叙任式にはそれぞれシンボルとなる名称がつけられていて、例年だと「サン・ヴァンサンの会」「チューリップの会」「春の会」「バラの会」「ぶどうの葉の会」「花を付けたぶどうの会」「夏の会」「収穫の会」「秋の会」「ぶどうの蔓の会」「美食の会」「栄光の三日間の会」「タートヴァン賞の会」などである。このような名称からもわかるように、叙任式は季節に合わせて行われる。

●——大晩餐会は十二世紀のワイン貯蔵庫で

叙任式が終わると中庭に下りて行き、この地方特産のアペリチフのキール・ロワイヤルを飲みながら談笑し、新しくシュヴァリエになった人たちが祝福しあう。晩餐会の会場は、シトー派の修道士がクロ・ド・ヴジョーのワインを造っていた頃にセリエと呼ばれていた古い樽貯蔵庫である。歴史を感じさせる石の柱で支えられた貯蔵庫には、約六百人分の席が長いテーブルに見事に準備されている。テーブルごとにブルゴーニュのワイン産地の名前が付けられ、私たちはムルソーの席であった。レジオン・ドヌール勲章のイラストの入った大きなメニューとセルヴィエット（ナプキン）がのった皿、ナイフ、フォークなどにワイングラス六個が整然と並べられ、六百人分のテーブル・セッティングは壮観である。正面には花に飾られた舞台が造られ、壁には大きなタピスリー（壁掛け）があり、中世の雰囲気を醸し出している。舞台の頭上には、この会のシンボルであるタートヴァンとボトルを持った司祭のイラスト入りの丸いマークが中央にある看板がかかげられ、「Jamais《ジャメ》 en《ザン》 vain《ヴァン》, Toujours《トゥジュール》 en vin《ザンヴァン》（いつもワインがあれば、けっして虚しくはない）」と語呂《ごろ》合わせで大きく書かれている。これがシュヴァリエ・デュ・タートヴァンの会のモットーなのである。

　晩餐会の参加者は男性はタキシード、女性はイブニング・ドレスを着て来ており、すでにシュバリエの会員に

シュヴァリエ・デュ・タートヴァンの晩餐会

なっている人は銀製のタートヴァンを首から掛けている。シックで品のよい紳士淑女の集まりである。日本では女性は着物が晴れの衣装であるため、妻は明るいバラ色の着物を来て参加した。全員が着席すると、ファンファーレが鳴り、貯蔵庫中央の入口よりシュヴァリエ・デュ・タートヴァンの会の役員たちが中世の衣装をまとって入場して、正面の舞台に整列する。

騎士団長の長い演説が始まると、最初の白ワインがグラスに注がれ、料理がサーヴィスされていく。サーヴィスする女性はこの日のためにかり出された地元のぶどう農家の主婦たちである。ワインを注ぐ男性の黒い前掛けにつばの短い帽子と女性の白いエプロンとのシンプルな色のコントラストがよく調和している。素人とはいえ、料理とワインを六百人の会食者に手際よくサーヴィスするのは見事なものである。この晩餐会の席上でも主賓《しゅひん》を含めて、有名人である数人の新しいシュヴァリエの叙任式が行われた。主賓となるのは各国の駐仏大使や政治、文化関係の有名人が多いが、この日は「レジオン・ドヌールの会」であったため、主賓はレジオン・ドヌール協会の会長であった。参加者全員の前での叙任式であり、この晩餐会の一大イベントとなった。

●――五皿の特別料理に五種類の銘醸ワインが

晩餐会の料理は初膳がオードヴル、二の膳が魚料理、本膳が肉料理、黄金膳が野禽《やきん》料理、食事のしめくくりがチーズの盛り合わせと順番にサーヴィスされ、ワインが白、

＊ ブルゴーニュ・アリゴテ(Bourgogne Aligoté)
ブルゴーニュ地方全域で生産されるアリゴテ種から造られる辛口の酸味の効いた白ワイン。

＊ ムルソー・グットドール(Meursault-Goutte d'Or)
ブルゴーニュ地方、コート・ド・ボーヌ地区ムルソー村の一級畑グットドールの白ワイン。ムルソー村には特級畑がないため一級畑が最上級の畑になり、高級白ワインとして有名。

＊ コート・ド・ボーヌ・ヴィラージュ(Côte de Beaune-Villages)
ブルゴーニュ地方、コート・ド・ボーヌ地区の中で赤ワインとしてあまり有名でない次の十四カ村のワインを村単独または複数の村のワインと混ぜて「コート・ド・ボーヌ・ヴィラージュ」と表示して販売できる。オーセイ・デュレス、ブラニィ、シャサーニュ・モンラッシェ、ショレイ・レ・ボーヌ、

白、赤、赤、赤と五種類が注がれていく。この日のワインは「ブルゴーニュ・アリゴテ*一九八八年」「ムルソー・グットドール*一九八七年」「コート・ド・ボーヌ・ヴィラージュ*一九八五年（タートヴィナージュ）」「ヴォーヌ・ロマネ一九八六年（タートヴィナージュ）」「ラトリシエール・シャンベルタン*一九八二年（タートヴィナージュ）」であった。

タートヴィナージュ*と呼ばれるワインは、後述するが、このワイン利き酒騎士団の審査に合格したワインである。

最初に出されたワインは白も赤も決して高級ワインではないが、AOCの特徴をよく備えたワインで、料理とよく調和していた。ワインは出される順番に格が上がっていき、赤ワインの最後はグラン・クリュ（特級畑）の「ラトリシエール・シャンベルタン」であり、熟成も充分な一九八二年産のすばらしいものだった。

舞台では「カデ・ド・ブルゴーニュ」と呼ばれる合唱団がワインの歌、農作業の歌などを声量豊かに合唱して宴会を盛り上げていく。さらに料理の合間には、参加者全員が両手を挙げて、ヴァン・ブルギニヨンと言われる単調なメロディを口ずさみながら、舞台の合唱団と一体となっていく。何回もこの動作をすると、適当な運動になり、後の料理がさらにおいしく食べられて、ワインのグラスも進むのである。こうして五皿の料理と五種類のブルゴーニュのワインが六百人の胃袋に詰め込まれていく。時間をかけているとは言え、私も妻もかなりの量の料理をワインといっしょに食べたこと

ラドワ、マランジュ、ムルソー、モンテリー、ペルナン・ヴェルジェレス、ピュリニイ・モンラッシェ、サントーバン、サンロマン、サントネ、サヴィニイ・レ・ボーヌ。

＊ラトリシエール・シャンベルタン
(Latrichiéres-Chambertin)
ブルゴーニュ地方、コート・ド・ニュイ地区ジュヴレイ・シャンベルタン村にある特級畑名の一つで、銘醸赤ワインになる。

＊タートヴィナージュ
(Tastevinage)
シュバリエ・デュ・タートヴァン（ワイン利き酒騎士団）の利き酒審査に合格したワインでワイン利き酒騎士団のシンボル・マークの入った共通ラベルで販売される。

になった。

　やがて、会場が突然暗くなり、ケーキで作った大きなカタツムリのお神輿《みこし》が会場を一巡する。これは、この後にサーヴィスされるデザートのお披露目である。そして、最後のコーヒーとマール（ぶどうの圧搾粕から造ったブランデー）が出るころには、すでに夜中の十二時を回っていた。参加者はみな、おいしい料理とブルゴーニュの美酒に酔いしれているが、酔っぱらってハメをはずすような人はいなかった。

●――晩餐会には和服の帯は緩めに

　着物を着ていた妻は帯の締めつけがきつくて、最後の料理が出る頃には苦しそうで、帯を緩《ゆる》めてくれと言う。その日は昼頃、パリのホテル日航の美容院で着物の着付けをして、車で三時間かけてボーヌのホテルに着いた。少し休憩したものの、すでに十二時間近く帯で体が締めつけられている。このことがあって以後、私はシュバリエに叙任される日本人に同伴する奥様には、晩餐会に着物を着ていくと日本の伝統美の華やかさで喜ばれるが、帯は緩く締めるようにと助言している。

　それはともかく、フランスの歴史的建造物である中世のシャトー・クロ・ド・ヴジョーを会場に見事に演出された伝統的な晩餐会で、フルコースのおいしい料理とブルゴーニュの銘酒を堪能《たんのう》できれば、参加者全員がおのずとブルゴーニュ・ワインの信奉者になっていく。

日本人も歴代の駐仏大使をはじめ、ワイン会社の経営者や幹部、作家、医者、音楽家、写真家などが加わって約百名がシュバリエの会員になっている。一九九五年には日本支部が東京に設立され、年三回の集会を行っている。以来、毎年十二月の集会にはブルゴーニュの本部から同会の幹事長と長老に加え、合唱団数名が来日して、シャトー・クロ・ド・ヴジョーの晩餐会のミニ版が開催されている。

●――利き酒騎士団認定ワイン

ワインの利き酒騎士団の活動の一つに「タートヴィナージュ（Tastevinage）」と呼ばれる騎士団認定ワインの選定がある。ワインの生産者およびネゴシアン・エルヴール（ワイン仲買兼熟成業者）から提出されたワインを産地ごとに試飲して、規格以上の品質と認めたワインを優良なブルゴーニュ・ワインと認定し、騎士団のお墨付きともいえるシンボル・マークの入った特別ラベルを貼って販売することを許可しているのである。同じ産地（AOC）でも、生産者によってワインの品質が異なるのがブルゴーニュ・ワインなので、ここで認定された「タートヴィナージュ」のワインは品質の水準が高く、人気がある。

一九九六年三月にシャトー・クロ・ド・ヴジョーで開催された赤ワインの「タートヴィナージュ」の試飲審査会に私も参加した。一つのテーブルに五、

タートヴィナージュのワインラベル

六名の審査員が座り、産地（AOC）ごとのワインを審査していった。私たちが担当したテーブルは「ニュイ・サンジョルジュ」であり、十数点ほどのワインを利き酒したうち、数点は認定しないこととした。この「タートヴィナージュ」の試飲審査会は年二回行われ、春には赤ワイン、秋には白ワインとクレマン（発泡酒）が審査されている。ボージョレは赤ワインであるが新酒（ヌヴォー）が十一月に発売されるため、秋に審査が行われる。まさしくワインの利き酒騎士の仕事として、ブルゴーニュ・ワインの品質向上と同時に本来のＰＲにも貢献しているのである。

4＊ぶどうとワインの神様

●――持ち回りサン・ヴァンサン祭り

一九九六年のはじめ、パリ事務所に仕事の応援で長期

タートヴィナージュの審査（シャトー・クロ・ド・ヴジョー）

滞在していたので、一月末、ブルゴーニュのコート・ド・ボーヌのオーセイ・デュレス＊村で行われるぶどうとワインの神様、サン・ヴァンサンの祭りを十八年ぶりに見学に行った。車でヴォルネイ村とモンテリー村を通り過ぎて、ムルソー村の裏に位置するコート・ドールで一番美しい景観のぶどう畑を目前に見ながら国道七三号線をくだって行くと、すでに道の両側に車の縦列駐車が始まっている。最後の車の後ろに駐車してオーセイ・デュレス村まで歩いてみると、広い場所には、大型バスが何台もやって来ていた。車のナンバー・プレートから判断するとコート・ドール県内だけでなく、県外の車も多くあり、パリ・ナンバーの七五番の車もかなりあった。

サン・ヴァンサンの祭りは毎年、ブルゴーニュのワイン村の持ち回りで開催する村を一か所決めて、一月二十二日のサン・ヴァンサンの日の直後の土曜日に、行われている。留学時代の一九七八年に初めてサン・ヴァンサンの祭りを見に行ったが、この時はサヴィニイ・レ・ボーヌ＊村で行われ、祭りの参加者はほとんどがコート・ドールのぶどう栽培者とワイン生産者であった。当時は観光客のいない、この地方だけのお祭りであった。

ところが、この祭りも年々盛大になり、今回は、ワイン産地としてはあまり知られていないオーセイ・デュレス村であったが、観光客も大勢やって来て、以前よりはるかに大きな祭りになっていた。村の入口で利き酒用のワイングラスを購入して、村の通りを進んで行くと、一月下旬の寒い季節にもかかわらず、パリから大勢のワイン愛

＊ オーセイ・デュレス (Auxey-Duresses)
ブルゴーニュ地方、コート・ド・ボーヌ地区の村名AOCワイン生産村。赤、白ワインがある。

＊ サヴィニイ・レ・ボーヌ (Savigny-les-Beaune)
ブルゴーニュ地方、コート・ド・ボーヌ地区の村名AOCワイン生産村。赤、白ワインがある。

好家がやって来ていた。ワイン生産者の中庭には、ぶどう栽培の農作業やワイン作りの様子が人形を使って飾り付けをしてある。見物人は予《あらかじ》め購入したワイングラスを持っていれば、村の中の何か所かでオーセイ・デュレス産のワインが利き酒できるようになっている。

この年は、一九九二年にソムリエ世界一になった、パリの「ビストロ・ド・ソムリエ」のオーナーのフォール・ブラック氏がメインゲストとして参加し、地方テレビ局のインタビュー番組が収録されていた。前述のように、この祭りも、かつてはぶどう栽培者、ワイン生産者のお祭りであったが、今ではワイン消費者と生産者を結び付けるお祭りに発展してきている。

村の中央の教会の前庭には、各村々のぶどうとワインの神様サン・ヴァンサンの像が勢ぞろいしている。教会の中ではラ・コンフレリー・デ・シュヴァリエ・デュ・タートヴァン（ワイン利き酒騎士団）のミサが行われているが、中は満員で入場することができない。仮設のテントのホールには大型テレビが設置してあり、教会の中のミサの様子が紹介されていた。

教会でのミサが終わると、ワイン利き酒騎士団長が捧げ持つサン・ヴァンサンの像を先頭に、それぞれの村のサン・ヴァンサンの像が二人のぶどう栽培者に担がれて、行列をなして通りから通りへと村の中を巡って行く。大きさや威勢は違うが、日本のお祭りで、各町内が繰り出すお神輿《みこし》の行列に通じるものがある。持ち回りサン・ヴァンサン祭りに参加する三十数か村のサン・ヴァンサン像はそれぞれ大きさ、形が違い、沿道で見ていて楽しいものである。

●――サン・ヴァンサンの由来

フランスのワイン法の専門家でワイン史にも詳しいジャン・フランソワ・ゴーティエ著『ワインの文化史』(文庫クセジュ、八木尚子訳)に、サン・ヴァンサンがぶどうとワインの神様になった経緯が記述されている。その要約を紹介しよう。

西欧のぶどう栽培者の守護聖人は、聖マルタンが草分けである。聖マルタンの祝日は十一月十一日であり、この日はぶどう栽培者が初物《はつもの》を捧げ、新酒の味をみる。この利き酒はいまでも「マルティネ」と呼び、新酒を抜き取ることを「マルティナージュ」という。しかし、聖マルタンの祝日は、同じ十一月十一日でも今日では一九一八年の第一次大戦終結記念の日にとって代わられ影がうすくなってしまった。こうなると、かわりに、いまもフ

ワイン村のサン・ヴァンサン像の行列が村の中を巡る

ランスのぶどう栽培者が讃えるぶどうとワインの守護聖人はサン・ヴァンサン（ヴィンケンティウス）ということになる。

キリスト教の弾圧で知られるローマ皇帝ディオクレティアヌス治下の四世紀、新たな属州総督のダキアヌスがスペインに派遣された。ダキアヌスはスペイン東北部のサラゴサ視察中に、司教のヴァレリウスと助祭のヴィンケンティウスを逮捕させ、バレンシアまで徒歩で連行するよう命じた。ヴァレリウスは高齢のため追放の刑に処されるが、ヴィンケンティウスはひどい拷問の末に三〇四年一月二十二日、獄中で息を引き取った。殉教し列聖されたヴィンケンティウス（聖ヴァンサン）への崇拝は、スペインにとどまらず、とりわけフランスに広まった。

クローヴィスとクロティルドの息子でフランク族の王であるヒデベルト一世とクロタール一世は五三一年にサラゴサを攻囲し、黄金の十字架と聖ヴァンサンの祭服を五四二年にフランスに持ち帰った。そして殉教した助祭の聖遺物は「聖ヴァンサンと聖十字架に奉献された大聖堂」に納められる。七五四年からは付属の大修道院を持つこの大聖堂は「サン・ジェルマン・デ・プレ」と呼ばれるようになった。

聖ヴァンサン聖十字架大修道院は、ほぼ現在のパリ六区と七区に相当する地所を持ち、パリを中心とするイル・ド・フランス地方に多くのぶどう畑を所有した。畑の開墾に当たった修道士は、当然、修道院の守護者たる聖人の庇護《ひご》のもとに置かれた。「聖（サン）ヴァンサンがパリ地域のぶどう栽培の守護神に選ばれたのは、サン・

ジェルマン・デ・プレを名乗る以前に、聖ヴァンサン聖十字架大修道院の名のもとに最初のぶどう畑が開かれ、植え付けが行われたためである」とする見方もある。一方、五三四年にフランク族がゲルマン人の一部族ブルグント族を打ち破った結果、守護聖人としての聖（サン）ヴァンサンの影響力はブルゴーニュからガリアのぶどう栽培地全域にまで広まったともいう。

さらに、サン・ヴァンサンのロバがぶどうの枝先の新芽を食べるのを見て、ぶどう栽培者が剪定《せんてい》するようになったという逸話に、この聖人の崇拝の理由を求める人もいる。これに感謝したぶどう栽培者がサン・ヴァンサンを守護聖人に選んだのかもしれない。

ぶどうの成長にとって重要な冬の間の作業、剪定、畑の耕作を行う時期とサン・ヴァンサンの祝日の間には否定しがたい一致がみられる。サン・ヴァンサンの祝日の一月二十二日は、冬至を過ぎて少しずつ日が長くなり、休止状態にあった植物が再び活動を始める時期だから、一年のぶどう成育のサイクルの中で重要な時期に当たっている。（以上がジャン・フランソワ・ゴーティエ氏の見解である。）

●――ぶどう栽培の歳時記

剪定はぶどう樹が落葉した冬季に枝を一、二本残して余分な枝を切り取る作業で、残った枝から新しい枝（新梢《しんしょう》）が伸びて、これにぶどうの実をつける。ぶどうは新梢に実るため、剪定はぶどう栽培の重要な作業である。古くから、一月二十二日のサン・ヴァンサンの日は、歳時記としてぶどう剪定の開始日となっている。ぶどう栽培は一月の剪定に始まり、季節ごとに重要な農作業プロセスのもとに、一年間のサイクルで行われる。

剪定は一月、二月のぶどうの休眠期に行われ、遅くとも三月に入ってぶどうの根が水分を吸い上げる前までに終える。落葉したぶどうの木は七、八芽を残し先端を切った一本の枝を残して、すべての余分の枝を切り取っていく。冬のブルゴーニュは厚い雲に覆われており、どんよりとした霧の中で剪定したぶどうの枝を燃やす煙が畑から立ちのぼっている。

三月中頃を過ぎると、気温が上がり、ぶどうの根が活動を開始する。また、根から吸い上げた水が剪定した枝の先の切り口から涙のように水滴として出始める。冬の間、ぶどうを寒さから守るため、根元に寄せていた土を、垣根になっているぶどうの列と列の畝《うね》の間にトラクターで崩していく。

四月は剪定して一本に残した枝を針金の支線に結んで固定していく。これまで真っ直ぐに立っていた枝を三十センチの高さで同じ方向に曲げていく。畝間《うねま》の土をトラクターで浅く耕作して、土の中に空気を入れて根の活動を促進させる必要もある。ぶどうは平均気温が十度を越すと、芽が膨らみ、芽吹きを迎え、植物生理作用が活発になる。

五月にはぶどうは葉を広げ、新しい蔓《つる》（新梢）がどんどん伸びていく。根元の太い幹からは無駄な芽が出るので、これをかき取る作業の芽かきも行う。この頃になると日差しも強く、心地よい季節になり、肌をできるだけ出したビキニの水着姿で芽かきをする女性もいる。ぶどう栽培者は夏も忙しく、バカンスで南仏に出かける暇がないので、ぶどう畑で農作業をしながら肌を焼いているのである。

長く伸びた新梢は一番上の支線に固定していく（新梢の誘引）。この頃から、ぶどうの垣根をまたいだトラクターの両側に長いアームを出したノズルで薬剤を噴霧する消毒が六、七月へと続けられる。

六月にはぶどうは新梢の枝元に小さな蕾《つぼみ》を付け、しだいに房の形になり、平均気温が二十度を越えると、白い小さな花が開く。ぶどうの花は花蕾《からい》が約二百個ほど着いて、花穂《かすい》を形成し、花びらのない小さな花の集合になる開花は花蕾の帽子が取れた時をさすが、とても花とは思

新芽が伸び始めたぶどうの樹

えない米粒ほどの小さな花である。開花の時期はぶどう栽培にとって非常に重要である。この時期に雨が降ったり、低温だったりすると、花が落ちて実が少なくなる「花ぶるい」や、花の受粉が充分に行われず、成熟しない粒が混じる「結実不良」が起こり、秋の収穫量が減ることになる。

またブルゴーニュでは、開花の約百日後がぶどうの収穫の目安になっている。開花の早かった年は、晩秋の天気が悪くなる前にぶどうが収穫できるので、良いヴィンテージ（当たり年）になると言われている。

畑では新梢を固定するため、高さ五、六〇センチの二本の針金の間に繁った新梢を挟み込む作業を行って、ぶどうの垣根を整えていく。消毒も続けられ、特に雨の降った後は、消毒のためのアームを垣根の両側に出したトラクターがいっせいに畑で動き出す。

七月はぶどうはさらに新梢を伸ばし、葉もたくさん着けてくる。伸びすぎた新梢は一〇〇から一二〇センチの高さで先端を切り、両サイドに出た葉も刈り込む作業の「夏季剪定《せんてい》」を行い、養分が余分な葉にまわらないようにする。刈り込んだ後の形が庭の生け垣のように見えるため、垣根栽培と呼んでいる。畝の間に生えてくる草はトラクターで浅く耕して、除草していく。

八月も夏季剪定、除草、消毒が続けられる。ぶどうはもう立派な房の形をしており、まだ緑色であるが、日に日に房を大きくしていく。八月の後半に入ると、黒ぶどうは果皮に赤い色が出始め、白ワイン用ぶどうは果皮の緑色が薄くなり、粒の中が透けて見えるようになる。この時期を「ヴェレゾン（硬核《こうかく》・着色期）」と呼び、これ以後ぶどうは熟期に入り、糖分を上昇させていく。

九月はぶどうの熟期に入り、糖分が上昇していくとともに酸度が減少していき、赤ワイン用の品種、ピノ・ノワールは果皮を真っ黒く変化させて熟していく。コート・ドールでは、村ごとに収穫予想日の三週間前より、ぶどうのサンプルがボーヌのワイン醸造試験所に、週に二回ずつ集められる。糖度と酸度を分析し、房の着色度と健全度を観察しながら、収穫開始日を決定するためである。

繰り返しになるが、私が留学時代にブルゴーニュ醸造試験所で行った最初の仕事は、この収穫時期を決定するためにぶどうの果汁を分析することであった。ピノ・ノワール種は天候に恵まれて収穫の早い年は九月下旬から始まり、遅い年の収穫開始は十月十日過ぎにもなる。白ワイン用のシャルドネ種は赤ワイン用のピノ・ノワール

新梢の誘引作業（クロ・ド・ヴジョー）

種より一週間ほど早い収穫になる。

九月から十月にかけての二週間、ぶどう畑は収穫の真っ盛りである。畑ごとに二、三十人の収穫人が朝早くから夕方まで、ぶどうをめいめいのバケツに摘み取り、それを大きいプラスティックのケースに集めて、トラクターで醸造場へ運ぶ。ぶどう畑でも、醸造場でも、一年のうちで最も活気にあふれる季節である。手塩にかけて育てたぶどうがワインに変わる一年間の集大成の時である。フランスではほとんどぶどう栽培者自身がワイン醸造を行い、収穫が終わるとワインが出来上がるまで、醸造場の中の仕事に従事する。

十一、十二月は収穫の終わった畑の畝間を深く耕し、ぶどうの根に空気を供給し、土壌を活性化させる。そして冬の寒さからぶどうの木を守るために、耕した土を株の根元に数十センチ盛土して、翌年のぶどうの成育に備える。こうしてまた同じように、翌年の一月二十二日のサン・ヴァンサンの祭りを合図に、ぶどうの枝の剪定が始まるのである。

ぶどうの収穫

ワインの基礎知識❼ ワインの熟成

ワインの熟成には樽熟成と瓶熟成の二つの過程があり、樽熟成は空気（酸素）が溶け込む状態で進行するため酸化熟成と呼ばれ、瓶熟成は空気（酸素）が遮断された状態で進行するため還元熟成と呼ばれている。

タンクで貯蔵・熟成させ、早く瓶詰めして、フレッシュな味わいで飲まれるワインと樽貯蔵して熟成を経た味わいを楽しむワインがある。

＊樽熟成

銘醸ワインは伝統的に小樽《こだる》で熟成している。近年では伝統産地だけでなく、世界のワイン産地で高級ワイン造りを目指した醸造者は小樽を使うようになっている。

樽の大きさはボルドー・タイプの二二五リットル（バリック）とブルゴーニュ・タイプの二二八リットル（ピエス）があるが、日本のような新産地では、一般的にボルドー・タイプの二二五リットルが使用されている。

樽熟成の効果は、⑴ワイン中の炭酸ガスや若い香りが抜けて、味わいに粗さがなくなる。⑵木目を通して酸素が溶け込み、複雑なブケー（香り）に変化したり、タンニン類の渋味が穏やかになる。⑶樽材の成分の抽出により、樽香が付き複雑な味わいになる。⑷酒石や酵母などのオリが沈澱し、ワインが透明になる、ことなどである。（口絵Ⅳ頁参照）

＊瓶熟成

瓶熟成は一般には、樽熟成させたワインをオリ下げ、濾過《ろか》、瓶詰め、コルク打栓をして行う。摂氏十五度くらいの比較的涼しい、振動の少ない、暗い場所に、瓶を横にして貯蔵・熟成させる。

瓶熟成の効果は、⑴ワインが酸素と遮断された状態でアルコール類と有機酸が結合してエステル類が生成し、ブケーが高まる。⑵ワイン中のアルコールと水が会合したり、各成分の調和が進み、味わいがまろやかになる、ことなどである。（口絵Ⅳ頁参照）

ワインの基礎知識❽ 発泡性ワインの醸造法

炭酸ガスを含み、発泡性のあるワインを総称して「発泡性ワイン（スパークリング・ワイン）」と呼んでいる。ワイン中に溶け込んでいる炭酸ガスは、アルコール醱酵によって発生したものを瓶内に閉じ込めたものである。一般的には、いちど出来上がったワインに糖分と酵母を加えて二度目の醱酵（二次醱酵）を行わせて炭酸ガスを確保するが、発泡性ワインには色々な製造方法がある。

＊瓶内二次醱酵法（シャンパーニュ法）

ワインの年ごとの差を均一にするため、産地と年号の異なるワインを調合してから糖分と酵母を加え、瓶に詰める。密栓をし、瓶内で二次醱酵を起こさせて、炭酸ガスを閉じ込める。この後、増殖した酵母を取り除いてワインを清澄にさせるため、時間をかけて瓶をゆっくりと倒立させていき、酵母のオリを瓶口に集める（ルミュアージュ）。瓶口に溜まったオリの部分だけを凍らせてから栓を抜くと、瓶内の炭酸ガスの圧力でオリを包み込んでいる氷の部分が外に飛び出す（デゴルジュマン）。デゴルジュマンによって減った分をワインを継ぎ足してワイヤー付の栓をする。同じ辛口ワインで継ぎ足した発泡性ワインを「ブリュット」と言い、辛口シャンパーニュを表す。

この瓶内二次醱酵法はシャンパーニュ地方で古くから行われている方法で、シャンパーニュ法と呼ばれている。しかし、この名称はフランスのシャンパーニュ地方の発泡性ワインのみに使用され、他の産地の発泡性ワインに「シャンパーニュ（シャンパン）」という表示も、造り方の「シャンパーニュ（シャンパン）法」の表示も禁止されている。

＊密閉タンク法（シャルマ法）

二次醱酵を大きな密閉タンクで行い、発生した炭酸ガスが逃げないようにタンクを冷却してワインを濾過し、瓶詰めする方法。発明者の名前から「シャルマ法」とも呼ばれている。ぶどうのアロマを残したい場合や、大量の発泡性ワインの製造に効果があり、イタリアの発泡性ワイン（スプマンテ）やドイツの発泡性ワイン（ゼクト）の製造に利用されている。

❺

日本人とワインの不思議な縁

1 ＊百二十年前のワイン研修生

●――フランス人の先祖の写真が日本のワイン資料館に

一九八六年のある日突然、パリから約一五〇キロ東部のシャンパーニュ地方の町、トロワに住むマダム・ブクローから私のパリ事務所に一通の手紙が届いた。内容は自分はピエール・デュポンの子孫であるが、家系図をまとめるにあたって、先祖の写真を探している。三楽（メルシャン）のワイン資料館にピエール・デュポンの写真が残っていると、ルイ・デュモン未亡人から紹介をうけたので、複製して欲しいという依頼であった。

トロワ郊外のモングー村に醸造場を持っていたピエール・デュポン氏は、一八七七年（明治十年）に山梨県勝沼に設立された日本最初のワイン会社「大日本山梨葡萄酒《ぶどうしゅ》会社」がフランスに派遣した二人のワイン研修生、高野《たかの》正誠《まさなり》と土屋《つちや》龍憲《りゅうけん》を受入れて、ワイン醸造を教えてくれた恩師であった。そしてもう一人の恩師が高名な農学者であり、オード県トロワで苗木商を営んでいたシャルル・バルテ氏である。バルテ氏はその年の二月に他界したルイ・デュモン氏の祖父にあたっていた。

●日本最初のワイン会社とワイン研修生

明治政府の殖産興業政策の実行者の一人であった山梨県令、藤村《ふじむら》紫朗《しろう》の奨励に応じて、地元の豪農たちが発起人となって、現在の勝沼町に日本最初のワイン会社「大日本山梨葡萄酒会社」が設立されたのは、先に述べたように一八七七年（明治十年）のことであった。本格的なワイン醸造を目指したこの会社では、発起人の息子、氷川神社の神官の高野正誠（二十五歳）と土屋助次郎（龍憲）（十九歳）の二人をぶどう栽培とワイン醸造を研修させるためにフランスへ派遣した。

二人は、藤村紫朗の知己でパリ万国博覧会の日本館事務官長として再渡仏する前田正名《まさな》に連れられて、一八七七年十月に横浜を出発した。一行は十二月にマルセイユに到着し、陸路パリに入った。外国に行って最初に困るのは言葉である。彼らも栽培、醸造の研修を始める前に、まず現在のパリ十四区のブレザン通りの小学校でフランス語の勉強をしている。

前田正名は一八六九年から一八七七年までパリ公使館に在職したが、その間、日本へ導入す

高野正誠（左）と土屋龍憲（右）（トロアにて）

るぶどう苗木の収集で前田に力を貸してくれたのが、パリの苗木商ヴィルモラン氏と前述のシャルル・バルテ氏であった。その縁で、高野、土屋は一八七八年一月からトロワのシャルル・バルテ氏の所でぶどう栽培について研修し、次いでその年の秋には前述のピエール・デュポン氏に預けられ、ワイン醸造を研修したのであった。

二人はトロワでぶどう栽培とワイン醸造の技術を習得した後、コート・ドール県のボーヌに数か月滞在し、リコー氏の所でビール醸造を、ルモンデ氏の醸造場でシャンパン製造法を体験して、一八七九年（明治十二年）五月に帰国している。

その後、もう一人の発起人の息子・宮崎光太郎とともに、高野、土屋は日本のワイン造り創成期に大きな貢献をした。「大日本山梨葡萄酒会社」は、宮崎光太郎の「甲《か》斐《い》産葡萄酒」を経てこれをメルシャンが継承した。当時の醸造場は現在、メルシャンのワイン資料館になっている。

●――研修生の孫と恩師の孫との劇的な対面

高野、土屋の二人がフランスで研修してからちょうど百年後の一九七七年に、私はワイン技術留学生として、ボーヌのブルゴーニュ・ワイン醸造試験所とディジョン大学の醸造学科に在籍していた。折しも、日本のワイン造り百年記念の一つとして、明治時代の初期に、二人の研修生が世話になったフランス側の人たちを探し出し、訪問する計画が社内であり、私もそれに参加した。

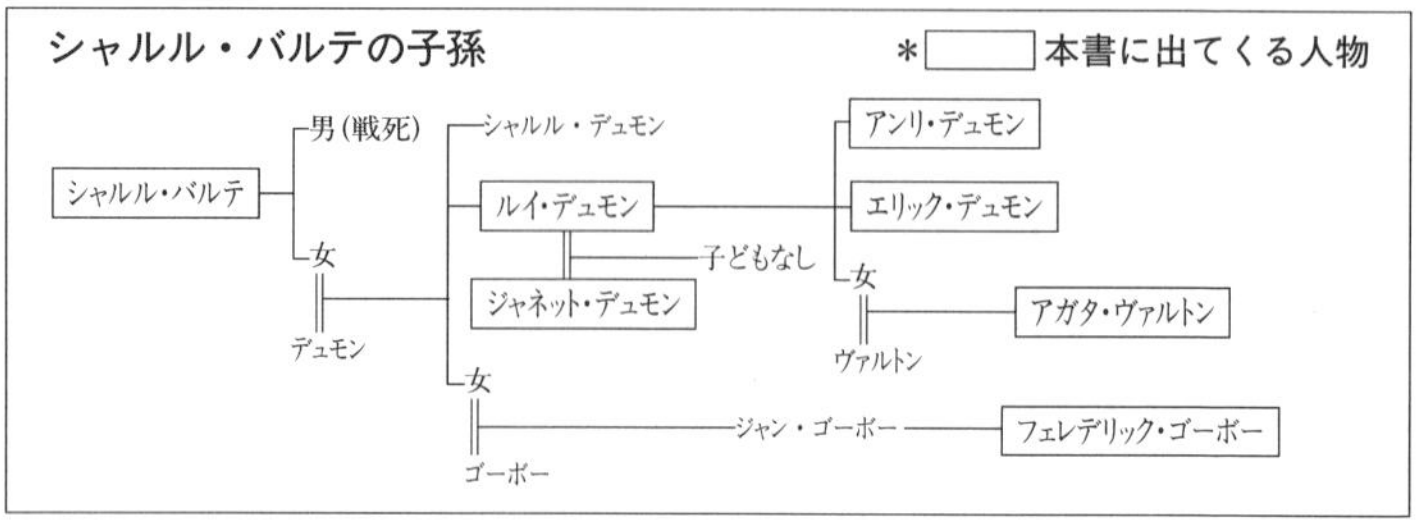

まず、高野、土屋に対してぶどう栽培の指導をしたシャルル・バルテ氏はフランスのレジオン・ドヌール勲章も受賞している著名な農学者であることが判明し、現在でも、子孫がトロワで苗木商を継承していることが分かった。シャルル・バルテ氏の息子は戦死したため、家族名はデュモン家に嫁いでいた娘がバルテ苗木商を継いで、デュモンになっているが、当時と同じ場所で生活をしている。孫のルイ・デュモン氏は当時、八十歳近い高齢だったが健在であり、トロワのデュモン家には高野、土屋の滞在した部屋が残り、二人の当時の写真や前田正名との交流を示す多数の資料が保存されていた。

ルイ・デュモン老人自身は高野、土屋には会ったことはないが、子供の頃、祖父のシャルル・バルテ氏から日本の研修生の話を聞かされていた。シャルル・バルテ氏が病に倒れた時、前田正名が見舞いにやって来て、今度来るときは、日本の凧《たこ》を持って来てやると、当時七歳のデュモン少年と約束したことも覚えていたが、実現はしていなかった。一九七七年八月に百年前の日仏のぶどう

ワイン造りの日仏交流（日本研修生の孫とフランスの恩師の孫）

酒交流を記念して、トロワで日本側の研修生の孫の一人高野英夫氏と、恩師の孫ルイ・デュモン氏が劇的な対面をし、この時やっと七十年前に前田正名が約束した日本の甁がルイ・デュモン老人に渡された。

ワイン醸造を教えたというもう一人の恩師であるピエール・デュポン氏は農業専門学校の教授もした人であるが、一九七七年の日本のワイン造り百年祭には、子孫はまだ判明しなかった。もっとも、高野、土屋が研修をした醸造場は、今もトロワの西、約十キロのモングー村にピエール・デュポン氏が妻ソフィーの名前を付けたクロ・サン・ソフィーのぶどう園が存在していて、ジャック・ヴァルトン氏が所有していることまでは判っていたが、ヴァルトン氏とピエール・デュポン氏の関係が不明であった。

ピエール・デュポン氏の子孫は長い間見つからなかったが、前述のブクロー夫人がピエール・デュポン氏の写真を捜しているという手紙で、思いがけなく子孫が判明した。ピエールとソフィーのデュポン夫妻には子供が二人いたが、直系の子孫は途絶えている。しかし、ピエール・デュポン氏の姉の子孫が旧姓ヴァルトンのブクロー夫人で、従兄弟《いとこ》が現在のクロ・サン・ソフィーの所有者ジャック・ヴァルトン氏であることが分かった。奇しくも、ピエール・デュポン氏が開設したクロ・サン・ソフィーぶどう園は、ジャック・ヴァルトン氏の父が一九一一年頃に購入し、再び子孫の所有になっていたのであった。

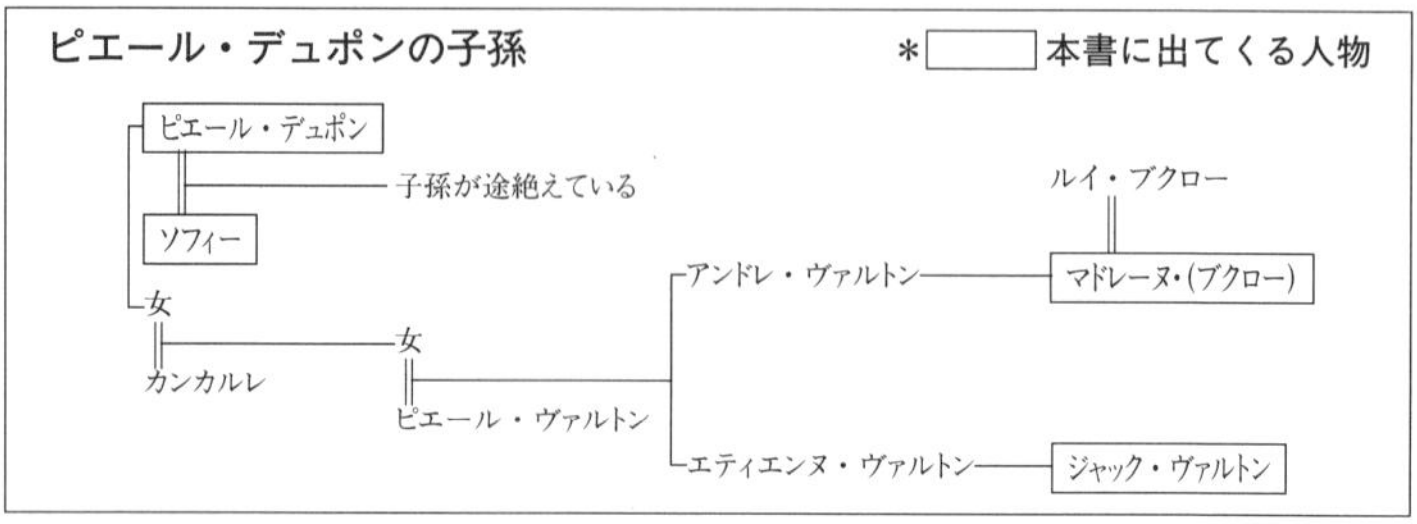

●——子孫同志の日仏交流

私がパリ駐在中にも、ワイン研修生と恩師の子孫の日仏交流は続いた。一九八七年四月、シャルル・バルテ氏から数えて五代目、玄孫《やしゃご》のフレデリック・ゴーボー嬢から仕事で日本出張の機会があるので、ついでに、ぜひ勝沼を訪問したい、との依頼が私のところにあった。高野正誠の孫は代々続く氷川神社の神主の高野正之氏であり、土屋龍憲の孫は勝沼でぶどう栽培を営む土屋総之助氏である。早速、彼らに連絡をとって、その旨を伝えた。こうしてゴーボー嬢は高野正之氏と土屋総之助氏に対面し、二人の研修生を派遣した「大日本山梨葡萄酒会社」を継承しているメルシャン勝沼ワイナリーとワイン資料館の訪問も実現した。逆に、日本からは高野正誠の曾孫《ひまご》の高野正興氏が新婚旅行でパリを訪れた機会に、トロワのデュモン家、ヴァルトン家を訪問した。孫ルイ・デュモン氏はその前年に他界していたが、バルテ苗木商を継いでいる曾孫《ひまご》のアンリ・デュモン氏と対面することができた。さらにアンリ・デュモン氏の弟のエリック・デュモン氏も別の苗木商をしていた。こうして日仏の曾孫同士が百十年目に対面し、このニュースは地元紙でも大きく取り上げられた。

●——ボーヌでの研修先の発掘

ところで、高野と土屋がボーヌに数か月滞在して、ビールやシャンパンの製造法を学んだことを先に記したが、その研修の受入れ先であるリコー氏とルモンデ氏について、土屋が残した記録ではそれぞれヲリコー氏、ヲレモンデ氏となっており、彼らを容易に探し出すことはできなかった。私の推測では、au Ricaud（オー・リコー）、au Remondet（オー・ルモンデ）を土屋が間違えて記録したのではないかと思われる。

もし、ヲリコー氏がリコー氏であるなら、当時リコー氏は兄弟でビール醸造場を所有していたので、土屋の記録とも一致する。そして、私が研修したブルゴーニュ・ワイン醸造試験所は一九〇三年に設立されているが、この設立に尽力したのが国会議員のリコー氏であった。どうやら、このリコー氏と先のリコー氏とは同一人物と思われる。そしてその子孫の一人がボーヌに住んでいるエニアン氏という人物であることも判明した。また、調査してみると、当時のビール醸造場の建物はボーヌ市内にあり、有力ワイン会社のビショー社の所有になっていた。このビショー社は偶然にも、高野、土屋の流れを受け継ぐメルシャンのブルゴーニュ・ワインの提携先だったので、当時のビール醸造場の建物を壊す時、記念として建物の一部の扉をわが社のワイン資料館のために譲ってもらっていた。

一方のルモンデ氏はボーヌ近郊のサヴィニイ村でブルゴーニュ地方の発泡酒クレマン・ド・ブルゴーニュ＊（昔はシャンパンと呼んでいた）を製造しているルモンデ氏の祖父と分かった。ルモンデ氏の祖父のルフェーヴル氏はシャンパーニュ地方の出身でブルゴーニュに移り、ルモンデ嬢と結婚し、一八七〇年にシャンパン製造のルフェーヴ

＊ クレマン・ド・ブルゴーニュ（Crémant de Bourgogne）
ブルゴーニュ地方の発泡性ワイン。シャンパンと同じ製法で造られるが、シャンパン（シャンパン）はシャンパーニュ地方の発泡酒のみに表示が許可されているため、クレマン（軽く泡立つ酒）という言葉を使用している。

ル・ルモンデ社を設立している。この会社は第一次大戦後合併して、今ではモアンジョン・ルモンデ社になって、クレマン・ド・ブルゴーニュを製造してきている。土屋、高野が最初に滞在したトロワはシャンパーニュ地方の一部であり、ルモンデ氏（旧姓ルフェーヴル）がシャンパーニュ地方に居たときに、二人にぶどう栽培を指導した例のバルテ氏と繋がりがあり、バルテ氏の紹介でルモンデ家に滞在したのであろう。

ここで奇妙なのは、高野と土屋の二人の研修生がブルゴーニュ・ワインの中心地ボーヌで肝心のワインでなく、ビール醸造法とシャンパン製造法を研修し、その前のトロワではワイン醸造を研修していることである。この事実は不可解だが、おそらく研修先の選定は、まず前田正名との人脈によってトロワのシャルル・バルテ氏が選ばれて、そのバルテ氏から近くのモングー村のピエール・デュポン氏が紹介されたものと思われる。十九世紀後半にフランスのぶどう畑に大被害をもたらしたフィロキセラは「ぶどう根あぶら虫」と呼ばれる害虫が繁殖し、これが原因でぶどう樹が枯死する病気である。アメリカ系ぶどう品種は抵抗性があるため、ぶどうの根になる部分（台木）にアメリカ系ぶどうを接ぎ木して、フランスのぶどう畑が救済された。トロワはフィロキセラ蔓延までは、パリに交通の便が良いこともあって、ワインの大産地だったのである。だから、まずトロワでワイン醸造を学んだのであろう。

その後のボーヌでの研修はトロワでのワイン醸造の研修が終わった十一月から開始された。そのときはすでに、この地でもワイン醸造は終わっていたのだ。そこで、二人は前田正名の関係で国会議員でもあるリコー氏の所で翌年の一月までビール醸造を研修し、シャンパンの製造の始まる二、三月にはシャルル・バルテ氏の紹介でシャンパーニュ地方出身のルモンデ氏の所で研修したのではないかと推測できる。記録によると、二人は一八七九年（明治十二年）三月二十三日にマルセイユを出港し、五月八日に横浜に着いている。ボーヌがトロワからマルセイユへ抜ける通り道であったため、会社の使命を背負った日本からの初めてのワイン研修生は、最後の最後まで何でも体験しておきたかったのだろう。

高野正誠、土屋龍憲がワイン研修生として初めてフランスに渡ってから百年目、私もワイン技術留学生としてボーヌに滞在していた。その私の体験からしても、高野、土屋がフランス語に苦しみ、意志の疎通が満足にできないままに、何でも吸収して持ち帰ろうとした気持ちがひしひしと伝わってくる。前田正名の駐仏公使官時代の人脈をとおして、二人の留学は前田からバルテ氏、リコー氏へ、バルテ氏からデュポン氏、ルモンデ氏へと実を結んだのだった。それと同じように、私も最初のフランス留学時にお世話になった人々との交流がベースになって、私のパリ駐在時代の活動へと繋がっていった。特にワイン分野での人間関係は、仕事のみならず、個人的にも深い信頼関係が保たれているのである。

ワインをめぐる日仏の交流はその後、ＮＨＫ、テレビ東京のルポルタージュ番組でも取り上げられ、最近では香港でフランス語教師をしていたバルテ氏の玄孫アガタ・

ヴァルトンさんが勝沼を訪問するなど、百二十年たっても子孫同士の交流が続いている。

2 ＊ 和食とワインの相性

●日本の家庭料理には甘口ワインを

日本でも家庭にワインがしだいに浸透してきている。これまでは家庭でワインを飲む時はステーキなどの洋風料理の時に限られていたが、日常の家庭料理でもワインを飲む機会が多くなってきた。ある日、私は夕食のおかずが鯖の味噌煮だったので、魚料理ということで、辛口白ワインのムスカデを飲んだ。しかし、ワインの酸味が強くなり、ワインと料理の相性がよくないことが分かった。フランスでは料理に合わせるワインはほとんど辛口ワインであるが、日本の家庭料理を食べる時には、辛口ワインは酸味を強く感じてしまう。

一般に日本の家庭で食べているおかずは、鯖の味噌煮、肉じゃがなどに代表されるように、調理に砂糖やみりんが使われている。私のフランス体験では、フランス料理の調理法では砂糖などは使わず、料理に甘さが残らないので、辛口ワインがよく合う。

このため、フランスでは日常飲むワインも含めて辛口白ワインと赤ワインがほとんどである。一方、家庭料理だけでなく、調理に砂糖やみりんを使用した甘味のある日本食には、ワインに多少の甘味がある白ワインやロゼワインの方がよく合うと私は思う。

●――日常ワインとハレのワイン

ヨーロッパの国々では長い歴史の中で、ワインは食事を美味しく、食べやすくする飲み物として利用され、酒というよりは食事の一部として用いられてきた。そのためフランスやイタリアなどのワイン消費伝統国ではワインの消費量が極端に多い。また彼らが日常に大量に飲むワインは、私たちがよく知っているボルドーやブルゴーニュのAOCワインではなく、ヴァン・ド・ターブルであった。

民俗学でハレ（非日常）とケ（日常）という言葉があるが、家族のお祝い事などのハレの食卓に供されるワインは料理に合わせて、フランスワインの中でも上級に分類されているAOCワインである。特にクリスマスは家族が一堂に会して、アペリチフ（食前酒）にシャンパン、料理に合わせて白ワイン、赤ワイン、デザートワイン、さらにディジェスティフ（食後酒）が出される。ワインは何でもよいと言うのではなく、料理を美味しく食べるためには、どの料理にどのワインを合わせるかが重要である。その組み合わせは美食学として、古くから論じられている。レストランでの食事はハレの食卓になることが多く、ワインの品揃えも豊富になっている。

ミシュランのガイドブックに載っている星付きレストランはみな高級レストランである。星付きレストランは一つ星から三つ星まであり、フランス全国で一つ星が約四百店、二つ星が七十店、三つ星レストランになると二十二店で、パリにはそのうち七店しかない（二〇〇〇年現在）。時々、日本からのお客で四つ星レストランで食事をしたいと言われることがあるが、レストランは三つ星までで、ホテルの四つ星と勘違いしているのだ。一つ星レストランといえども、シェフが腕をふるった料理に合わせるためにフランス各地の銘醸ワインを取り揃えている。料理の質やサーヴィスだけでなく、ワインの品揃えも星付きの評価を受ける重要なポイントになっている。

このようにワインの飲まれ方には、日常の消費とハレの日の消費の二通りがあるが、最近、フランス、イタリア、スペインのように大量にワインを飲んでいる国では、水がわりにがぶがぶ飲む日常消費ワインが大きく減少して、上級のAOCワインの消費が増えている。反対に、イギリス、オランダ、ベルギーなどの消費新興国では、ワイン飲用が日常化して、東欧諸国などの低価格ワインの消費量が伸びている。日本も新しいワイン消費国であり、これまでのハレの日の消費から日常消費へと底辺が拡大して、ワイン消費が伸びつつある。この傾向をよりいっそう促進するには、日常、家庭で食事に合わせてワインがどんどん飲まれるようになることであり、和食にも合うワインを普及啓蒙していくことである。

家庭でワインがよく飲まれるようになると、消費者は自分の舌でワインを選択するようになる。これまでは、たまにしかワインを飲まなかったので、解説本に書いてあるフランスワインを中心に選んでいた。しかし、消費者が自分の舌でワインを選択するようになると、価格とワインの味を比較してワインを購入するようになる。新世界のワインと呼ばれるチリ、アルゼンチン、南アフリカや東欧のブルガリアのワインは、メルシャンが先鞭《せんべん》をつけて輸入を拡大したものである。これらのワインはフランスと同じぶどう品種のカベルネ・ソーヴィニヨンやシャルドネなどを使用しているため、ワインの味が想像できることと、価格がフランスワインに比べて安いため、日本でも受け入れられると判断したからである。予測したとおり、これらの新世界のワインは品質対価格を比べるとお買い得であるため、日本市場に定着していった。

●――和食とワイン

料理とワインの相性を考える上で大切なのは、ワインが料理の味を殺したり、邪魔するものであってはならないことである。ワインの香味が強く、料理の味を圧倒してはならないし、その逆に料理の味がワインの風味をそこなってもいけない。料理とワインの関係は、お互いの味を引き立たせて、ハーモニーを醸し出すような組み合わせが重要になる。このため、フランスでは料理とワインの調和のよい組み合わせを、人間の結婚にたとえてマリアージュと言っている。

ワインと料理を語る時、日本では、これまでは西洋料理しか考えていなかったが、和食の中にもワインとよく合う料理があることを忘れてはならない。たとえば、てんぷらがそうである。この料理は素材の新鮮さを油のテイストで包んでいるため、辛口の酸味の効いた「ムスカデ・シュール・リー」や「シャブリ」などの白ワインとよく合い、酸味が舌に付いたてんぷらの油を流してくれる。「甲州種」のシュール・リー製法の辛口ワインは「ムスカデ」ほど酸味が強くなく、かすかな苦みがあり、ふきのとうなどの山菜やアスパラガスなどのてんぷらとよく調和する。

刺身は魚料理なので、一般には白ワインがよく合うが、まぐろ、ぶり、はまち等の脂肪分の多い魚には、白ワインの味が負けてしまう。一方、赤ワインは刺身に使う生醤油といっしょになると金属味に感じて、合わせづらい。脂味《あぶらみ》の刺身に最もよく合うワインは、ドライ・シェリーの「チオ・ペペ」*、ハンガリーのトカイ産「サモロドニ・ドライ」*、フランスのジュラ地方の「ヴァン・ジョンヌ（黄色ワイン）」*などの熟成の進んだ香りの強いワインが最高の組み合わせと思われる。寿司は刺身と通ずる味であるが、ネタごとにワインを変えることは不可能で、一瓶のワインで通すなら、酸味があり、フルーティーな白ワインのドイツのリースリング種やロワール産の「サンセール」*か、タンニン分の少ない若い赤ワインのブルゴーニュ産のピノ・ノワール種や「ソーミュール・シャンピニー」などのカベルネ・フラン種のワインがよい。値段は高いがシャンパーニュであれば調和は申し分ない。

会席料理は料理の素材を大切にした繊細な味に特徴がある。強すぎるワインを用い

＊ チオ・ペペ(Tio Pepe)
スペインのゴンザレス・ビアス社が生産する酒精強化ワインのシェリー酒で、辛口フィノ・タイプの商品名。チオ・ペペ（ペペおじさん）の愛称でアペリチフとして全世界で愛飲されている。

＊ サモロドニ・ドライ
(Szamorodni Dry)
ハンガリー、トカイ地方の辛口ワイン。トカイ・ワインはフルミント種の貴腐ぶどうで造る甘口ワインとして有名であるが、貴腐化していないフルミント種から造った辛口ワインで独特の熟成した香味がある。甘口にしたサモロドニ・スィートもある。

＊ ヴァン・ジョンヌ
(Vins jaunes)
フランス東部、ジュラ地方の色の濃い白ワイン。白ワインを樽で熟成中にワインが蒸発して、樽の上部に空間ができてもワインを補充（目継ぎ）をせずに六

ると、料理が負けてしまう。だから、この料理の素材を生かすには、「アルザス」「ムスカデ・シュール・リー」などの辛口白ワインのほうがよい。ドイツ・ワインのハルプトロッケン（中辛口）のカビネット*級のリースリング種なら、フランスワインに比べてアルコール度が低く、フルーティーなので、繊細な会席料理には最適と思われる。

もともと和食ではないが、家庭料理として定着している中華料理やハンバーグなどにもワインはよく合う。中華料理ではソースが油、酢、醤油、砂糖などの混合された複雑な味が多いため、赤ワインか白ワインかを選択するのに迷う。ところが意外なことに、中華のどの料理にもロゼワインがよく合い、パリの中華レストランでは辛口ロゼワインがよくサーヴィスされている。ハンバーグには「ボージョレ」や「コート・デュ・ローヌ」の若い赤ワインがよく合うし、鳥の唐揚げにはフルーティーな辛口白ワイン、中でも「アルザス」ワインが絶妙に調和する。

料理にワインを合わせるとき、ある特定のワインしか合わないと決めつけるのでなく、ワインの味をよく知れば、他にも合うワインをたくさんみつけることができる。フランス・ワインだけでなく、イタリア産、スペイン産や、最近では新世界と呼ばれるチリやアルゼンチンなどのワインからも、日本料理にあったものを探すことができる。甲州種のワインがてんぷらに合うことを述べたが、もちろん日本産ワインも和食に合うものが多い。

年間熟成させる。酸化熟成が進み、ワインの色は黄色になり、シェリーに似た独特の香味になる。色が黄色になることから黄色ワイン（Vins jaunes)と呼ばれている。

＊ サンセール(Sancerre)
ロワール川上流地方、サンセール村周辺のAOCワイン。特にソーヴィニヨン・ブラン種から造られるフルーティな白ワインが有名であるが、ピノ・ノワール種からの軽い赤ワイン、ロゼワインもある。

＊ カビネット(Kabinett)
ドイツワインの格付け。ドイツワインのなかでQmP（肩書付上級ワイン）に分類される肩書の一つ。肩書としてカビネット、シュペトレーゼ、アウスレーゼ、ベーレンアウスレーゼ、アイスヴァイン、トロッケンベーレンアウスレーゼの六つがある。

●——日本風土の中でのワイン消費

フランスをはじめEUのワイン法で分類しているテーブル・ワイン（ヴァン・ド・ターブル）は日常の食事に飲むワインを指し、日常消費食卓ワインと称されていることは既に述べた。一方、料理を食べる時に飲む酒は食中酒と分類されており、ワインの場合、食中酒は「テーブル・ワイン」と言われている。この場合のテーブル・ワインはアペリチフ（食前酒）やディジェスティフ（食後酒）に対比した食中酒という意味に使われ、高級ワインから日常ワインまでを含めている。

日本の伝統的な清酒の飲み方には食中酒という概念はなくても、実際は日常的には酒の肴《さかな》に刺身やてんぷらなどの料理を食べながら清酒を飲んでいる。このことを考えると、ワインを飲みながら食事をするワイン飲用文化は、清酒飲用文化の日本の風土の中で、なんの抵抗もなく受け入れられる下地があるのではなかろうか。

数年前、アメリカのテレビ番組で赤ワイン中のポリフェノールが心臓病予防に良いと言われ、日本でも健康ブームに乗って赤ワインが急速に消費されるようになった。しかし、ワイン消費がさらに定着するには、健康に良いからというだけでなく、料理を食べる時、ワインが美味しいから飲むようになることである。

ワインを美味しく味わうには、日本の風土も無視できない。日本の夏の高温多湿の気候では、ビールの人気が高いが、冷えた白ワインも美味しい。赤ワインでもタンニン、渋味の少ない軽い味わいがあり、冷やして飲めるものが美味しく感じられる。冷やして飲む赤ワインにはフランス・ワインでは「ボージョレ・ヌヴォー」やロワール産の赤ワインの「ブルゲイユ」などがあるが、気軽に飲むには値段が高すぎる。日本の風土に適した、冷やして飲める日常赤ワインがあってもよいのではなかろうか。ワインには多様性があり、ワイン愛飲者に必ず満足を与えてくれるワインがあるにちがいない。

3 ＊ワインの擬人化表現

●――ワインは男性、地方は女性

フランス語を学び始めて、誰でも戸惑うのが、名詞に男性形、女性形があることである。たとえば、こんなことがあった。ボルドー大学のワイン醸造学科へ留学が決まったA君を語学研修のため、パリの語学学校へ入学させることになり、私がその代理で、外国人のための語学学校アリアンス・フランセーズに入学登録をした。しばらくして、日本のA君から国際電話が入り、フランス大使館で学生ビザが発給してもらえないのではないかと心配している、とのことであった。話を聞いてみると、語学学校から送られてきた書類の国籍欄がジャポネーズ(japonaise)と「日本女性」となっており、これでは、自分は男性なのに女性と間違われてしまう、というのである。フランス語では国籍は女性名詞である。本人が男性であろうと女性であろうと、japonaise と女性形で書くのが正しいのだ。だから安心して書類を大使館へ提出するよう説明した。

フランス語の名詞の性とそれに付く冠詞や形容詞が男性形、女性形に変化する事に慣れるまでには時間を要するが、フランス語の男性形、女性形には便利な使い方もある。たとえばワインは男性名詞、地方名は女性名詞であり、ブルゴーニュ・ワインは「デュ・ブルゴーニュ（du Bourgogne）」と表し、ブルゴーニュ地方は「ラ・ブルゴーニュ（la Bourgogne）」と表す。入門書風にいえば、duはdeと定冠詞男性単数形のleの収縮形、laは定冠詞女性単数形である。ブルゴーニュ地方には、ワインが取り持つ縁で勝沼町と姉妹都市を締結しているボーヌ市が中世よりワインの町として栄えている。また、ブルゴーニュ地方の政治、経済の中心地としてディジョンがある。この地方の人々は「ディジョンはキャピタル・ド・ラ・ブルゴーニュ（capitale de la Bourgogne）」、「ボーヌはキャピタル・デュ・ブルゴーニュ（capitale du Bourgogne）」と表現する。"de la" と女性冠詞を付けることにより、「ディジョンはブルゴーニュ地方の首都である」となり、"du" (de le)と男性冠詞を付けることにより、「ボーヌはブルゴーニュ・ワインの首都である」という意味になる。女性形、男性形を使って簡単に区別しているのだ。

●――今は使われないワインの女王、ワインの王様

ワインを表現するのに擬人化することは古くから行われている。古くからよく言われているのが、ボルドーは「ワインの女王」、ブルゴーニュは「ワインの王様」という表現である。ボルドーのグラン・クリュ・クラッセ（特級格付け銘柄）に格付けされているシャトーの重厚な赤ワインと、ブルゴーニュの熟成したピノ・ノワール種のビロードのような滑らかな赤ワインを飲み比べると、どうみてもこの表現とは逆で、ボルドーが王様、ブルゴーニュが女王に思えるのだが。

ボルドーの赤ワインはカベルネ・ソーヴィニヨン種、メルロー種を主体にタンニンの効いた力強いボディ（口の中で感じられるワインの厚み、重さ）のワインであり、よいミレジム（収穫年）のものは熟成にも十年、二十年とかかる。一方、ブルゴーニュの赤ワインはピノ・ノワール種を使うため、タンニンは強くなく、エレガントな酒質で、熟成すると丸く滑らかな味となる。

五年間のパリ勤務中、仕事上多くのワイン関係者と交流があったが、今ではフランス人はボルドー・ワインを女王、ブルゴーニュ・ワインを王様と表現していない。しかし、日本のワインの本には今もって「ボルドーはワインの女王」、「ブルゴーニュはワインの王様」と引用されている。酒博士として知られた坂口謹一郎先生の『世界の酒』（岩波新書）には、戦後ボルドーを訪問した時の地元の酒通の話として、ボルドーをエル elle（彼女）、ブルゴーニュをリュイ lui（彼）とボルドーを女性、ブル

ゴーニュを男性として紹介している。このことから、古くボルドーの赤ワインが英国で「クラレット」(claret)と呼ばれていた時代にはボルドー・ワインは明るい色の軽いワインであったため、ワインの女王と表現し、一方、ブルゴーニュはアルコール度数が高く、力強さを感じたため、ワインの王様と表現していたのだろう。

白ワインに関してはボルドーよりブルゴーニュに軍配が上がる。中でもブルゴーニュの白ワインとして有名なのが、「ムルソー」や「ピュリニィ・モンラッシェ」である。このワインは同じシャルドネ種で醸造している隣村同士のワインであるが、ワインの味は明らかに異なる。前にも述べたが、ぶどう畑の複雑な土壌や、畑の方位、斜面の角度、標高、風向などから生じる微小な気象(ミクロ・クリマ)の差によって、畦道《あぜみち》を一つ越えてもワインの味が変わるのが、ブルゴーニュ・ワインの特徴とされている。「ムルソー」には蜂蜜とクルミようの香りがあり、ボディは重厚である。「ピュリニイ・モンラッシェ」は桃、アプリコットのような果実香が強く、味はエレガントである。

かつて私が留学していたブルゴーニュ醸造試験所のレグリーズ所長との利き酒談義で、「ムルソー」を男性的、「ピュリニイ・モンラッシェ」を女性的と私が表現したら、日本人とフランス人の感覚的な違いを越えて、レグリーズ所長も同感してくれた。ワインの味を表現するのに男性的、女性的と擬人化すると、万人共通のイメージを持つことができるのである。

●ワインの色は衣服、香りは鼻、厚みはボディ

フランスではワインの利き酒表現を人に関係させて表現することが多い。ワインの色は「ロブ（衣服）」、香りは「ネ（鼻）」、味の厚みは「コール（ボディ）」。その他「生き生き（ヴィヴ）」「若い（ジュンヌ）」「年とった（ヴィエイユ）」「平凡（コモン）」「痩せている（メイグル）」「豊満な（エトッフェ）」「優雅な（エレガン）」「繊細な（デリカ）」「上品な（ファン）」「高貴な（ノーブル）」など、擬人化した表現が多い。

ワインが注がれたグラスを静かに回した時、グラスの壁に無色の粘性の成分が流れ落ちてくる。これはワインに含まれているグリセリンであり、ワインに充分なアルコール分が含まれている証拠である。このグリセリンが多くグラスの壁に流れるワインの方が良いワインということになる。利き酒の表現の時、この流れ落ちるグリセリンを「グラスの涙」とか「ワインの脚」と表現する。またワインの利き酒用語に「シャルパンテ（charpenté）」という表現がある。これは家の骨組み、梁《はり》を指す語から来ており、味わいがしっかりした骨格のあるワインを家にたとえて表現している。

酒の味の表現を擬人化するのは古今東西同じらしく、フランス語でのワインの表現と日本語での清酒の表現には共通するところが多い。たとえば、香りが良いことを「ボン・ネ」（鼻が良い）、香りが出ないことを「フェルメ」（閉じている）、口に含んで味が良いことを「ボン・ブーシュ」（口中が良い）、味に厚みがあることを「コルセ」（コクがある）、軽い味を「メイグル」（痩せている）、熟成した味を「ヴィエイユ」（熟《こな》

れた）などの共通した表現がある。まったく異なる伝統と風土の中で育ってきたワインと清酒の味を表すのに、このような共通の発想をしていることは、実に興味深い。

4 ＊ワインの表現は日本人になじみの言葉で

●――醸造士の表現とソムリエの表現

ワインの品質を表現するのに、ワイン醸造士はワインの欠点を見つけて表現することが多い。それはワインを造る立場から、常に品質の改良を目指しているためで、欠点を探して次のワイン醸造に生かそうとする習性の表れであろう。その表現は、香りについては「閉じている」「開いている」「頂点に達している」など、酸度については「平板な」「生き生きした」「酸っぱい」「未熟な」など、味の厚みのボディについては「痩せた」「軽い」「膨らみがある」「重い」などと香りや味の強弱を中心にしている。これは、ワイン醸造士同士なら香りや味を他の動植物にたとえなくても、ぶどうの品種の特徴を充分に認識しているからであり、「シャルドネ香が充分ある」とか「カベルネ香が少ない」などと表現すれば、それで理解できるからである。

一方、ワインのサーヴィスを職業とするソムリエは、ワインの良い面を探して表現している。これは、お客にサーヴィスするワインが、どのように美味しいかを説明しないと、そのワインを飲んでもらえないから当然だろう。また、レストランに来たお客にワインの香味を容易に想像してもらうために、ワインの特徴を身の回りの果物、花などにたとえて情緒豊かに表現するのである。

●——想像しにくい赤い果実、黒い果実の香り

日本のワインの本やソムリエがワインの味を表現するのをみてみると、フランスで使っているたとえ方をそのまま使っている場合が多すぎるように思われる。たとえば、日本人のわれわれの周囲には馴染みがないのに、「赤すぐり（グロゼイユ）」「木いちご（フランボアーズ）」「黒すぐり（カシス）」「菩提樹（ティヨール）の花」「トリュフ」などと平気で表現している。最近では「カシス」や「フランボアーズ」はジャムから香りの想像がつくが、「トリュフ」にいたっては日本ではめったにお目にかかれないものである。豚に探させるきのことして有名なトリュフは、フランス人には三大珍味の一つとして、垂涎《すいぜん》の的となっている。そこには日本人が松茸《まつたけ》の香りを珍重する以上の情熱があるようである。しかし私の体験では、トリュフの香りは日本人の味覚からは離れており、それがどうしてあんなにフランス人の官能を痺《しび》れさせるのか、いまだに分からないし、料理のソースに使用してあるわずかのトリュフでは、ワインのどの香

りに結びつくのか想像しにくい。

　また、ソムリエがよく使う表現に「赤い果実の香り」「黒い果実の香り」「白い花の香り」というのがあるが、これも日本人には、何の果実、何の花か分からない。フランスでは、赤い果実と言えばフランボアーズ（木いちご）、グロゼイユ（赤すぐり）などを指し、黒い果実と言えばカシス（黒すぐり）、ミュール（黒いちご）などを指している。サクランボは赤い果実か、黒い果実か迷うが、日本のサクランボは赤い果実に総称される香りであろう。日本で白い花と言えば菊、百合の花だろうが、フランスでは菩提樹《ぼだいじゅ》やアカシアなどの木の花を指すことが多い。フランスであれば、お客も「赤い果実の香り」と言えばグロゼイユなどを、「黒い果実の香り」と言えばカシスを、「白い花の香り」と言えば菩提樹やアカシアの花を想像できるが、日本ではほとんど不可能である。

　ソムリエがお客にこのように説明するのも、ワインの味を想像してもらうためである。しかし、フランスの表現をそのまま日本で引用すると、お客はなおさら混乱してしまうだろう。日本では「赤い果実の香り」と総称して言うのでなく、具体的に「いちごの香り」、「サクランボの香り」などと言ったほうがワインの味を想像しやすいし、白ワインの香りを表現するのに「白い花の香り」は誤解を与えるため、「洋梨」「桃」「りんご」などの果物にたとえて言うほうがお客には分かりやすいだろう。

　ワインの代表的な香りのサンプルがある。「ワインの香り」としてフランスで販売され、日本にも輸入されて、ソムリエやワイン愛好家が勉強のために利用している。一般の消費者には必要ないが、ソムリエ・コンクールに出場するような場合、とりわけ国際コンクールの時は、国際的に共通の表現方法で各国の審査員に分かる果物や動植物にたとえる必要がある。「ワインの香り」のサンプルはフランスの身の回りの物質にたとえているが、ワインもソムリエという職業もフランスが先進国であるため、どの国でも、このサンプルで勉強しているのである。しかし、この「ワインの香り」で日本人に馴染みのないものは、一般的なレストランでは使用しないでほしいものだ。

●――シャブリには火打ち石、ムルソーにははしばみの実の香り

私がワイン造りの仕事を始めた三十年ほど前のワインの解説書に、シャブリには「火打ち石」の香りがあるとか、ムルソーには「はしばみの実」の香りがあるとか書かれていた。どちらも私には想像がつかなかった。しかし、フランス滞在中に何度もシャブリを訪問してぶどう畑を見たり、ワインを飲むうちに、「火打ち石」の香りの察しがついてきた。シャブリのぶどう畑は、今から一億三千万年前頃の中期上層ジュラ期には海の底であったため、貝の化石を多く含んだ土壌である。これがイギリス南部のキメリッジ湾の土壌に似ているため、この土壌をキメリジアンと呼んでいる。この貝の化石の多い土壌がワインの香味に反映した独特の香りを「火打ち石」にたとえているのだ。「銭形平次」の時代でもあるまいし、火打ち石とは時代錯誤の表現であ

る。それより、貝の化石の石灰性のミネラル香なので、「乾いたコンクリート」や「貝殻《かいがら》」の香りとたとえた方が分かりやすいのではないだろうか。

ムルソーの「はしばみの実」も私にとって長い間、分からないたとえであった。私の勝沼ワイナリー勤務時代に、甲府盆地の南の曽根丘陵で縄文時代の遺跡が発見された。当時の生活の様子を再現した展示館が造られた。縄文時代の食料であるドングリに似た木の実が展示してあり、そこには「はしばみの実」と説明してあった。しかし、「はしばみの実」の実態は判明したが、それを食べたことがないので、ムルソーの香味とはどうしても結びつかなかった。パリ駐在時代に、友人の家庭に招待をうけ、アペリチフのつまみに出されたヘーゼルナッツ(クルミに似たカバノキ科の落葉喬木の果実)を噛《か》み砕《くだ》いた瞬間、ハッと気がついた。その香りがムルソーをはじめ、コート・ドールの白ワインの表現にフランスでよく使う「ノワゼット」の香りにぴったりなのである。「ノワゼット(noisétte)」を仏和辞典で引くと、確かに「はしばみの実」と載《の》っている。しかし、「はしばみの実」は縄文

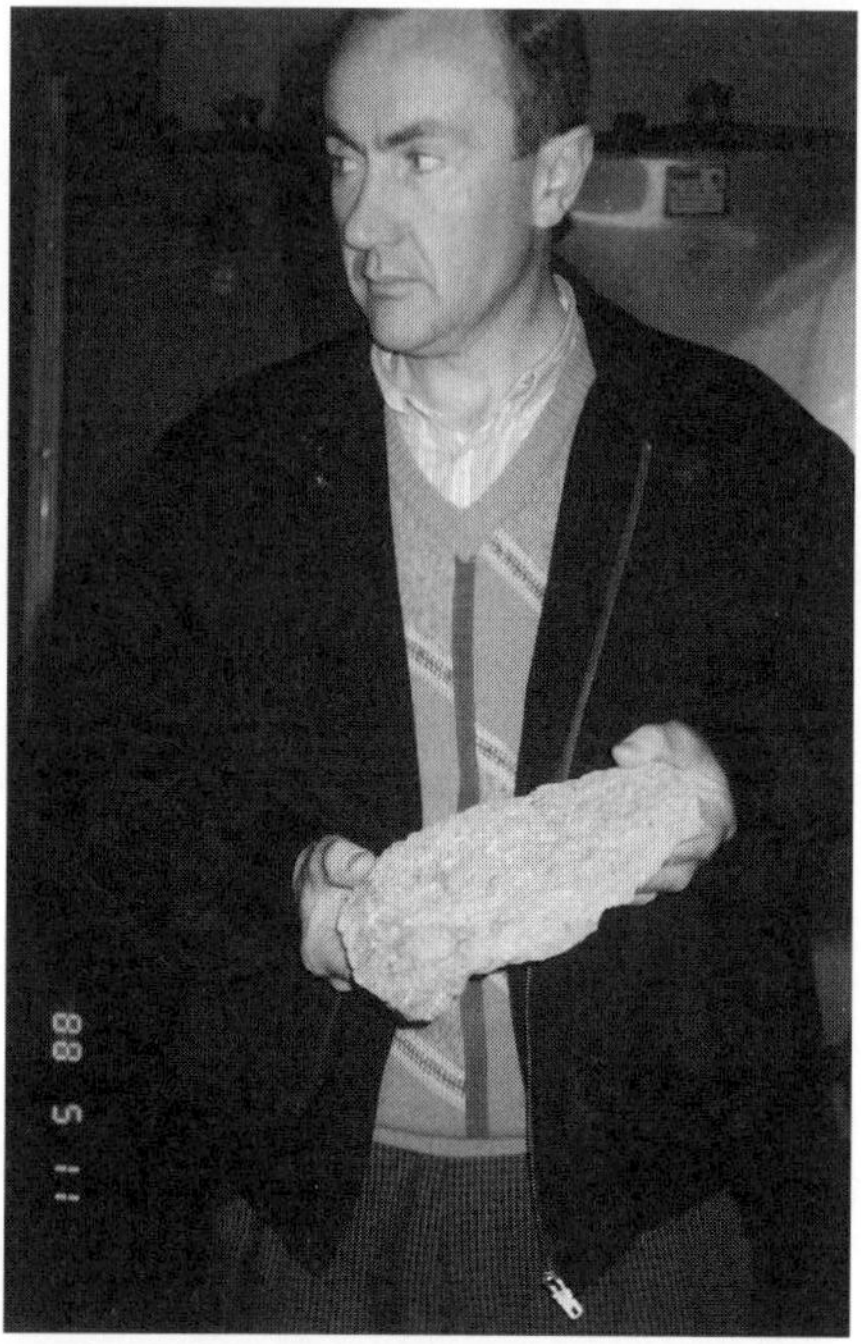

シャブリ地方の土壌に含まれる貝の化石

人ならともかく、現代のわれわれにはその味が分からない。だから私はムルソーの香りは「ヘーゼルナッツ」の香りと表現することにしている。

わが国には伝統の清酒の香味を表現する語彙《ごい》がワインに比べて少ないため、ワインの利き酒表現にフランスの表現を参考にするのは止むを得ないことかもしれない。しかし、もっとわれわれの周囲にあるものに置き換えてわかりやすく説明しなければ、ワインの味と香りはいつまでたっても消費者に理解されないだろう。

5 ＊日本人が世界一のソムリエに

●――テイスティング審査員の選定

一九九五年五月十五、十六日の二日間、三年に一回行われる第八回世界ソムリエ・コンクールが東京で開催されることとなった。アジアでの開催は初めてのことである。その数か月前に、私の経歴書が日本ソムリエ協会から国際ソムリエ協会のコンクール技術委員会に送られていた。たぶん、私がフランスの大学にワイン留学をしていたり、ワイン駐在員として五年間フランスで仕事をしていたことが国際ソムリエ協会で評価されたのだろう。テイスティング部門の審査員の候補になったのだ。

初日の総会終了後、コンクールの技術委員会の小飼一至《こがいかずよし》委員長から世界ソムリエ・コンクールのテイスティング審査員の三名のうちの一人に、私が決まったとの報告があった。他の二人は、フランスのモエ・シャンドン社の技術部長のフィリップ・クーロン氏、ドイツ・ガストロミィー協会のギー・ボンフォア氏で、早速、テイスティングに使用するワインの選択に入るよう指示があった。

●――コンクール用ワインはこうして選ばれた

翌日の本選のテイスティング試験は、出場選手に五種類の飲み物をブラインドでテイスティングさせて、色、香、味の表現、原料（ワインの場合はぶどうの品種）、産地、ヴィンテージ（収穫年）、熟成年数などを判定させたうえ、料理との相性のコメントを求めて、テイスティング能力を、公衆の前で私たち審査員が審査するものである。

本選のテイスティング部門に出す飲み物の五種の内訳《うちわけ》をワイン三種、蒸留酒一種、リキュール一種にすることとした。次に、色、香、味の表現、産地などのテイスティング項目をワイン用と蒸留酒、リキュール用に分けて決めて、配点をワインをそれぞれ百五十点、蒸留酒、リキュールをそれぞれ半分の七十五点にした。合計で六百点である。

まずはじめに、あらかじめ技術委員会で選択してある十数種類のワインをチェックする。さらに、別のワインを候補として選択するため、新高輪と高輪プリンス・ホテルのワイン・カーヴにワインを探しにいき、数点のワインを追加した。蒸留酒はアルマニャック*、カルヴァドス*も候補に上がったが、「ヴィユー・ラム*（ラムの古酒）」に決まり、リキュールは技術委員会から提案のあったフィンランド産の「ラッカ*」を検討した。これは野いちごから造ったリキュールであるが、われわれ審査員にとっても馴染みのないものであった。テイスティング飲料としては難し過ぎると思われたが、前の三種類のワインや蒸留酒で差がつかないことも想定して、このラッカを選択することにし、審査員で品質をチェックして採用することにした。

ワイン三種の選定は情報が出場選手に漏《も》れることをさけて、翌日の本選の当日、朝九時から決めることとした。すでに決めた蒸留酒のヴィユー・ラムとリキュールのラッカも金庫に保管し、製品名は完全に極秘とした。

世界ソムリエ・コンクールの本選当日、三人のテイスティング審査員は会場となるホテルの審査員室に集まり、予備選択したワインをテイスティングしていった。すでに、予選で使用したワインがフランス産の白ワインとイタリア産の赤ワインであったので、白ワインは、最近品質が向上している新世界のワインを、赤ワインはスペイン産にする方向で検討していった。もう一つの赤ワインはイタリア産が再浮上し、日本産も候補になった。しかし、日本産は開催国である日本の出場選手が想像しやすいため、またイタリア産はすでに予選にも出題していたため、採用は見送られた。そして

＊ アルマニャック(Armagnac)
フランス南西部、アルマニャック地方で造られるブランデー。コニャックが二回蒸留されるのに対し、アルマニャックは一回連続式蒸留される。

＊ カルヴァドス(Calvados)
フランス北西部のノルマンディ地方で造られるリンゴ・ブランデー。

＊ ヴィユー・ラム(Vieux Rhum)
ラムはさとうきびを原料にしたカリブ海諸島を原産にした蒸留酒。ヴィユー・ラムは長年熟成させたラムの古酒。

＊ ラッカ(Lakka)
フィンランド産の野いちごのクラウド・ベリー（現地でラッカと呼ぶ）を原料にしたリキュール。

最終的に出題の白ワインが「オーストラリア産シャルドネ一九九一年」、赤ワインがフランス産「コート・ロティ*一九八六年」とスペイン産「リオハ・グラン・レゼルバ*一九六八年」に決まったのは、なんと本選二時間前の午前十一時過ぎであった。それから大急ぎで出題するワイン三種、蒸留酒のヴィユー・ラム、リキュールのラッカを審査員で再度テイスティングして表現の模範解答を作成し、料理との相性、サーヴィス温度、飲み頃時期などの統一見解を調整していった。すべてが終わったのは十二時半近くになっており、午後一時からの本選に、やっと間に合わせることができた。

●——世界ソムリエ・コンクール本選

今回の世界ソムリエ・コンクールには、本選に先だって前日に二十三か国の代表による予選が行われ、すでに本選出場者が五名に絞られていた。本選会場では、審査員の紹介があり、続いて本選出場のカナダ、ドイツ、スイス、日本、そしてフランスの各代表五人の名前が発表された。

本選は公開によるテイスティングとサーヴィス実技の二つの審査からなっている。使用言語はテイスティングは自国語を含めて自由に選択できるが、サーヴィス実技はフランス語圏や英語圏の代表が有利にならないよう、フランス語圏の代表は英語を、英語圏の代表はフランス語を、それ以外の国の代表はフランス語か英語を使用するルールであった。私たちが担当するテイスティング審査では、五人の本選出場者はす

＊コート・ロティ(Côte-Rôtie)
コート・デュ・ローヌ地方北部のAOC産地。コート・ロティとは「焼けた丘」という意味で、この丘にふりそそぐ陽光は強烈で、ここで栽培されるシラー種から造られる赤ワインは力強い銘醸赤ワインになる。

＊リオハ・グラン・レゼルバ(Rioja Gran Reserva)
リオハはスペイン北西部のワイン産地。赤、白、ロゼ・ワインがあるが、テンプラニーヨ種から造る赤ワインが有名である。熟成年数の長いものをレゼルバ、グラン・レゼルバと格付け。レゼルバは赤ワインでは三年以上の熟成で、最低一年の樽熟成、白、ロゼ・ワインでは二年以上の熟成で、最低六か月の樽熟成が必要。グラン・レゼルバは赤ワインの場合二年以上の樽熟成と三年以上の瓶熟成、白とロゼ・ワインは四年以上の熟成で、そのうち六か月は樽熟成が必要。

べてフランス語を使用した。審査員の三人にはフランス語の通訳の必要はなかった。テイスティング審査に使用する五種の飲料は、前述のように私たち審査員が午前中に選んだ白ワインのオーストラリア産シャルドネ一九九一年、赤ワインのフランス産コート・ロティ一九八六年、もう一つの赤ワイン、スペイン産リオハ・グラン・レゼルバ一九六八年、蒸留酒のフランス領マルティニック島産の一九四八年樽詰のヴィユー・ラム、そして最後はフィンランド産の野いちごのリキュールのラッカである。

本選の出場順序は抽選で決められた。最初はドイツ代表のマルクス・デル・モネゴ選手である。やや緊張していたが、流暢《りゅうちょう》なフランス語で早口でワインのコメントをしていった。二番目の選手はカナダ代表のフランソワ・シャルティエである。カナダのフランス語圏の代表と思われ、ネイティヴなフランス語でワインの色、香り、味を的確にコメントしていったのが印象的であった。

三番目に登場したのは優勝候補筆頭のフランス代表オリヴィエ・プシェである。過去に何人も連続して世界ソムリエ・コンクールに優勝者を出しているフランス代表だけあって、テイスティングのコメントをインスピレーションにしたがって、多くの言葉で溢《あふ》れるように表現した。三番目のワインでは赤ワインの香りを「子供の筆箱の隅の鉛筆の芯の香り」と表現し、そこまで言うのかと思うほどであった。また、今回のコンクールの会場が日本であることをかなり意識して、二番目のワインに合わせる料理として、すき焼きや鉄板焼きを取り上げた。また、最後のリキュールはフランスのソムリエとしても馴染みのないものであったらしく、苦しまぎれに日本産の梅酒と判定した。彼は五種の飲み物を、南半球のセミヨンとソーヴィニヨン・ブランのブレンド一九九二年、イタリア産十五年もののネビオロ種のバルバレスコ*、スペイン産リオハ・レゼルバ一九八三年、フランス領マルティニック島の四十年を経過したラム、日本産梅酒と判定したのであった。ラムは完璧に当て、リオハ・レゼルバはグラン・レゼルバとの違いがあるが、ほぼ的確に判定している。

四番目は開催国日本代表の田崎真也の番である。若い時フランスでワイン研修をしているので、フランス語でコメントしていくが、五人の選手の中では一番言葉のハンディがあった。しかし、色、香り、味をポイントを押さえて的確に表現していった。一番目のワインは新世界のシャルドネの特徴をとらえて、オーストラリア産のシャルドネ一九九〇年と判別し、ヴィンテージが一年ずれたが完璧であった。二番目のワインは出場選手全員が外したが、彼もイタリア産キャンティ・クラシコ*一九九二年と判定し、当たらなかった。三番目のワインはスペイン産リオハ・グラン・レゼルバ一九八二年と判定した。リオハ・グラン・レゼルバはフランス代表のプシェがリオハ・レゼルバとしか言えなかったのに、田崎の方がグラン・レゼルバと、より的確に判定している。四番目の蒸留酒はラムの特徴をとらえてのコメントをしていたので、私は当然、田崎はラムと言うと思ったが、彼はスペイン産のワインのオードヴィ（ブランデー）と言ってしまった。これまでワインの判定ではフランスのプシェに勝っていたが、この

＊ バルバレスコ(Barbaresco)
北イタリア、ピエモンテ州の赤ワイン。ネビオロ種を原料とし、イタリア・ワインの最高級格付けのDOCG（原産地統制保証呼称）ワインに認定されている。

＊ キャンティ・クラシコ(Chianti Classico)
中部イタリア、トスカーナ州の赤ワイン。サンジョヴェーゼ種を主体に原料とし、イタリア・ワインの格付けでDOCG（原産地統制保証呼称）に認定されている。一般のキャンティよりアルコール度が高く、高級になる。

ラムを外したことで、田崎の優位はくずれたと私は思った。五番目のリキュールはポルトガル産の甘口ワインのムスカ・ド・セテュバル*と判定したが、はずれた。

五番目の選手はスイス代表のエリック・デュレで、一番目の白ワインは新世界のシャルドネ種の特徴をとらえて、カリフォルニア・ナパ産シャルドネ一九九〇年と判定して、産地を外した。四番目のラムは当てたが、あとは外した。

五人の本選出場者は、テイスティング審査に続いて、サーヴィス実技が行われた。元国連大使の安倍勲夫妻がレストランの仮想客になり、国際ソムリエ協会会長ジャン・フランブール氏、今回の大会実行委員長の日本ソムリエ協会会長浅田勝美氏（当時）を含めた各国代表の九名の審査員によって、公開審査が行われた。

世界最優秀ソムリエの選考は、本選のテイスティング審査、サーヴィス実技審査に加えて前日の筆記試験を加算して行う。私たちテイスティング審査員は別室の審査員室に入り、五人の選手の採点表の集計に入った。最優秀ソムリエの発表が行われるガラディナー・パーティーは、すでに十九時より新高輪プリンスの「飛天の間」で始まっていたが、私たちはテイスティング審査の集計をしている最中であった。配点はワインがそれぞれ百五十点満点で、蒸留酒とリキュールがそれぞれ七十五点満点である。日本代表の田崎真也はラムを外していたが、ラムの配点が低かったのでテイスティング審査の結果は彼に優位になってきた。サーヴィス実技審査の結果は終わっており、技術委員会の小飼委員長もやきもきしてわれわれの結果を待っている。やっと、テイ

＊ ムスカ・ド・セテュバル（モスカテル・ド・セトゥバル）(Moscatel de Setubal)
ポルトガル、リスボンの南、セトゥバルでモスカテル種から造られる酒精強化甘口ワイン。

スティング審査結果を技術委員会に提出し、私たちも大急ぎでタキシードに着替えて、ガラディナー・パーティーの会場に滑り込んだのは、表彰式の行われる直前であった。

いよいよ、世界一ソムリエが決定する瞬間がやってきた。会場の緊張した空気のなか、まず三位にカナダ代表のフランソワ・シャルティエ氏が呼ばれ、続いて二位にフランス代表のオリヴィエ・プシェ氏が発表された。優勝候補のフランス代表が二位になったため、会場にどよめきが起こった。ひと呼吸おいて、一位の田崎真也のエントリー・ナンバーが読み上げられると、会場が爆発したように一気に盛り上がった。われるような拍手と歓声のなか、田崎氏が右手を上げてガッツポーズをしながら、正面の壇上に駆け上がっていった。まさに日本人初の世界最優秀ソムリエが誕生した瞬間であった。

この世界コンクールでの優勝を契機にソムリエ田崎真也は一躍マスコミの寵児《ちょうじ》となり、その後の第五次ワイン・ブームと相俟《あいま》って日本のワインの普及に少なからぬ影響を与えることになった。

(追記)

この大会で、田崎氏と競ったドイツ代表のマルクス・デル・モネゴ氏は一九九八年のオーストリア・ウィーン大会で、フランス代表のオリヴィエ・プシェ氏は二〇〇〇年のカナダ・モントリオール大会で優勝して、それぞれ世界一のソムリエに輝いている。

ワインの基礎知識 ⑨ 国産ワイン造り

国産ワイン造りで品質が急速に伸びはじめたのは、テーブル・ワインが、ポートワインと呼ばれていた甘味果実酒の消費量を越した後の一九七五年ごろからである。メルシャン株式会社は日本最古のワイン会社「大日本山梨葡萄酒会社」の流れをくみ、戦後にフランス語の「メルシー」から造ったワインのブランド名「メルシャン」が誕生し、その後一九九〇年に社名を三楽からワインのブランド名に変更している。

メルシャンが取り組んだのは、日本ですでに栽培されている既存品種の「甲州」を使ったワイン醸造からであった。甲州はヴィティス・ヴィニフェラ（ヨーロッパ系ぶどう）に属し、その昔、ヨーロッパ系ぶどうの原産地コーカサス地方からシルクロードを通って、中国に渡り、仏教の日本伝来とともに日本に薬草として伝えられたと言われている品種である。生食用として栽培されているが、ヨーロッパ系ぶどうのためワイン醸造にも適する品種である。

甲州を使用したワインはそれまでにも存在していたが、やや甘口か山梨県の地元だけで飲まれる色が濃く雑味のあるワインであった。そのうちワインは食事と共に飲まれるもので、辛口が必要と考えるようになり、シュール・リー法を甲州の醸造法に応用し、この技術を特に勝沼の地元のワイン醸造者（地ワインメーカー）に情報公開してきた。これらのワイン醸造者からも品質の良いワインが出来るようになり、シュール・リーは甲州辛口ワインの代名詞となっている。

次には、甲州種の小樽《こだる》醗酵に取り組み熟成型の辛口ワインができるようになった。樽の選択などを含めたこの技術も情報公開し、小樽醗酵による甲州種のワイン醸造法も地元の醸造者に広がった。「メルシャン甲州小樽仕込み」が一九九九年のリュブリアーナ国際ワイン・コンクールで金メダルを受賞し、また地元の醸造者の「甲州小樽醗酵」が東京で一九九八年に開催された第一回ジャパン・インターナショナル・ワイン・チャレンジで銀メダルを受賞し、ベスト日本産白ワインに選ばれたりしている。

ワインの品質はぶどうの品質そのものであり、そのなかでもぶどう品種は最も重要である。メルシャンは高貴品種と呼ばれるメルロー、カベルネ・ソーヴィニヨン、シャルドネなどの品種をフランスから導入し、甲州種ワインの改良と並行してぶどう栽培を開始した。メルローは長野県塩尻市にある桔梗ヶ原《ききょう》地区で契約栽培をした。このワインが国際ワイン・コンクールで大金賞を受賞したことで、塩尻地区のワイン醸造者にメルロー種の栽培に弾みがつき、これらの地元のワイン醸造者が造るメルロー種のワインも国際ワイン・コンクールでメダルを受賞するほどに品質が向上している。

またカベルネ・ソーヴィニヨンはメルシャンの城《じょう》の平《ひら》ぶどう園でフランスと同じ垣根栽培法で栽培した。山梨県ではじめて取り組んだ垣根方式のぶどう栽培も、畑の見学などを地元の醸造者に開放した結果、世代交代をした意欲的な勝沼のワイン醸造者がカベルネ・ソーヴィニヨン、メルロー、シャルドネなどの高貴品種の垣根栽培を導入してきている。「城の平カベルネ・ソーヴィニヨン」は数々の国際ワイン・コンクールで金メダルを受賞しているが、地元の醸造者が造るメルロー、シャルドネも国際ワイン・コンクールで高い評価を得ている。「メルシャン北信シャルドネ」は第二回ジャパン・インターナショナル・ワイン・チャレンジのシャルドネ部門で海外のシャルドネをおさえて、ベスト・シャルドネに選ばれている。

これまでワインといえば、フランス産が最高と思われていたが、このように日本産ワインも品質が向上し、国際ワイン・コンクールで金メダルを受賞するほどになっている。これらの高貴品種から造った日本産ワインは、ボルドーの特級格付け銘柄の上級シャトーの赤ワインやブルゴーニュの優良畑の白ワインには、まだほど遠いが、フランスの他のワイン産地のワインを凌《りょう》駕《が》する品質になっている。

国際的にも評価の高いメルシャンのワイン

オスピス・ド・ボーヌの競売キュヴェ名

キュヴェ	産　地	競売樽数＊
赤ワイン		
AUXEY-DURESSES, Boillot	Côte de Beaune	8
BEAUNE, Nicolas Rolin	〃	29
BEAUNE, Guigone de Salins	〃	29
BEAUNE, Rousseau-Deslandes	〃	29
BEAUNE, Dames Hospitalières	〃	29
BEAUNE, Hugues et Louis Bétault	〃	29
BEAUNE, Maurice Drouhin	〃	29
BEAUNE, Brunet	〃	21
BEAUNE, Cyrot-Chaudron	〃	20
BEAUNE, Clos des Avaux	〃	25
CLOS DE LA ROCHE, Georges Kritter	Côte de Nuits	2
CLOS DE LA ROCHE, Cyrot-Chaudron	〃	2
CORTON, Charlotte Dumay	Côte de Beaune	29
CORTON, Docteur Peste	〃	29
MAZIS-CHAMBERTIN, Madeleine Côllignon	Côte de Nuits	22
MONTHELIE, Lebelin	Côte de Beaune	12
PERNAND-VERGELESSES, Rameau-Lamarosse	〃	11
POMMARD, Dames de la Charité	〃	19
POMMARD, Billardet	〃	29
POMMARD, Suzanne Chaudron	〃	26
POMMARD, Raymond Cyrot	〃	22
SAVIGNY-LES-BEAUNE, Arthur Girard	〃	27
SAVIGNY-LES-BEAUNE, Forneret	〃	18
SAVIGNY-LES-BEAUNE, Fouquerand	〃	29
VOLNAY, Blondeau	〃	29
VOLNAY, Général Muteau	〃	20
VOLNAY-SANTENOTS, Jehan de Massol	〃	25
VORNAY-SANTENOTS, Gauvain	〃	15
白ワイン		
BATARD-MONTRACHET, Dames des Flandres	Côte de Beaune	4
CORTON-CHARLEMAGNE, François de Salin	〃	6
CORTON VERGENNES, Paul Chanson	〃	4
MEURSAULT, Humblot	〃	10
MEURSAULT, Loppin	〃	10
MEURSAULT, Goureau	〃	9
MEURSAULT-CHARMES, de Bahèzre de Lanlay	〃	15
MEURSAULT-CHARMES, Albert Grivault	〃	7
MEURSAULT-GENEVRIERES, Baudot	〃	24
MEURSAULT-GENEVRIERES, Philippe le Bon	〃	6
POUILLY-FUISSE, Françoise Poisard	Mâconnais	20

＊ピエス樽（228 L）1999 年実績

さくいん（本書に登場するワイン産地とワイン名・アイウエオ順）

著 者　小阪田嘉昭（おさかだ・よしあき）

1945年、岡山県に生まれる。山梨大学工学部発酵生産学科卒業後、三楽オーシャン株式会社(現・メルシャン株式会社)へ入社。1977～78年、フランス政府給費留学生として、ブルゴーニュ醸造試験所およびディジョン大学ワイン醸造学科へ留学。1985～90年、メルシャン欧州事務所(パリ)所長。帰国後、メルシャン勝沼ワイナリー工場長。本社ワイン事業部部長等を歴任し、現在、メルシャン株式会社理事、ワイン事業部ワイン技術部長。山梨県果樹試験場客員研究員、日本ワイナリー協会参与、日本洋酒輸入協会ワイン委員長。
1990年、シュバリエ・デュ・タートバンを叙任し、その日本支部理事を務める。また、リュブリアーナ国際ワイン・コンクール審査員(1987)、世界最優秀ソムリエ・コンクール審査員（1995)、全日本最優秀ソムリエ・コンクール審査員(1996、1998)など、数々の国際的なワインコンクールの審査員を務める。

企画・編集協力　竹見久富
装　　丁　辻　聡

DMD

出窓社は、未知なる世界へ張り出し
視野を広げ、生活に潤いと充足感を
もたらす好奇心の中継地をめざします。

ワイン醸造士のパリ駐在記

2001年6月1日　初版発行
2001年6月11日　第1刷発行

著　者　小阪田嘉昭
発行者　矢熊 晃
発行所　株式会社 出窓社
東京都武蔵野市吉祥寺南町 1-18-7-303　〒180-0003
電　話　0422-72-8752
ファクシミリ　0422-72-8754
振　替　00110-6-16880
組版・製版　東京コンピュータ印刷協同組合
印刷・製本　株式会社シナノ

ISBN4-931178-36-7　NDC910　188　p244